PRAXIS
KULTUR- UND
SOZIALGEOGRAPHIE 29

Carsten Felgentreff
Thomas Glade
(Hrsg.)

Raumplanung in der Naturgefahren- und Risikoforschung

Herausgegeben vom Institut für Geographie der Universität Potsdam

Bibliografische Information Der Deutschen Bibliothek
Die Deutsche Bibliothek verzeichnet diese Publikation in der Deutschen Nationalbibliografie; detaillierte bibliografische Daten sind im Internet über http://dnb.ddb.de abrufbar.

© Universität Potsdam, 2003

Herausgegeben von Wilfried Heller (Potsdam), Hartmut Asche (Potsdam) und Hans-Joachim Bürkner (Erkner/Potsdam)

Federführender Herausgeber:	Wilfried Heller
Schriftleitung:	Waltraud Lindner
Druck:	Audiovisuelles Zentrum der Universität Potsdam
Vertrieb:	Universitätsverlag Potsdam Postfach 60 15 53 14415 Potsdam Fon +49 (0) 331 977 4517 / Fax 4625 e-mail: ubpub@rz.uni-potsdam.de http://info.ub.uni-potsdam.de/verlag.htm
ISBN	3-935024-80-0
ISSN	0934-716X

Dieses Manuskript ist urheberrechtlich geschützt. Es darf ohne vorherige Genehmigung des Autors nicht vervielfältigt werden.

Inhalt

	Autorenliste	6
1	*Vorwort von Carsten Felgentreff und Thomas Glade:* **Probleme und Perspektiven der Raumplanung in Naturgefahren- und Naturrisikoforschung**	7
2	*Stefan Greiving:* **Möglichkeiten und Grenzen raumplanerischer Instrumente beim Risikomanagement von Naturgefahren**	11
3	*Thomas Weith:* **Der Beitrag des Garbage Can Modells zum Hochwasserschutz – Eine theoretisch-konzeptionelle Skizze**	36
4	*Rudolf Scharl:* **Die Berücksichtigung von Naturgefahren in der Raumordnung Bayerns**	44
5	*Andreas von Poschinger:* **Erfahrungen mit dem GEORISK-Informationssystem**	49
6	*Kerstin Schaller:* **Raumplanung und Naturgefahrenprävention in der Schweiz**	59
7	*Carsten Felgentreff, Daniel Drünkler, Rahmatollah Farhudi, Hasan Masumy Eshkevary:* **Raumplanung und Katastrophenvorsorge: Erfahrungen aus der Provinz Isfahan, Iran**	70

Autorenliste

Drünkler, Daniel
Institut für Geographie, Universität Potsdam

Eshkevary, Hasan Masumy
Fachbereich für Stadtplanung, Universität Teheran, Islamische Republik Iran

Farhudi, Rahmatollah
Fakultät für Geographie, Universität Teheran, Islamische Republik Iran
(rfarhudi@hotmail.com)

Felgentreff, Carsten
Institut für Geographie, Universität Potsdam
(felgentr@rz.uni-potsdam.de)

Glade, Thomas
Geographisches Institut, Universität Bonn
(thomas.glade@uni-bonn.de)

Greiving, Stefan
Fakultät Raumplanung, Universität Dortmund
(gr@rpmail.raumplanung.uni-dortmund.de)

Poschinger von, Andreas
Bayerisches Geologisches Landesamt München
(Andreas.Poschinger@gla.bayern.de)

Schaller, Kerstin
Institut für Wirtschaftsgeographie, Universität Erlangen-Nürnberg, Nürnberg
(Kerstin.Schaller@wiso.uni-erlangen.de)

Scharl, Rudolf
Bayerisches Staatsministerium für Landesentwicklung und Umweltfragen, München

Weith, Thomas
Institut für Geographie, Universität Potsdam
(weith@rz.uni-potsdam.de)

1 Probleme und Perspektiven der Raumplanung in Naturgefahren- und Naturrisikoforschung

Bei der Verhinderung von Schäden und Verlusten im Zusammenhang mit „natürlichen" Prozessen und technischen Störfällen wird dem Handlungsfeld Raumplanung ein eminent wichtiger Stellenwert eingeräumt. Dies zeigt sich in einer Vielzahl von Gesetzesänderungen, Verwaltungsvorschriften und wissenschaftlichen Darstellungen, Forderungskatalogen und Analysen, die in den letzten Jahren allein im deutschsprachigen Bereich entstanden sind.

Das Grundanliegen lässt sich vereinfacht wie folgt zusammenfassen: An vielen Orten, auf vielen Flächen sind „gefährliche" Prozesse der Umwelt absehbar. Sie können aber stets nur dort schadenbringend sein, wo entsprechende Schadenspotenziale seitens der Flächennutzer bereitgestellt worden sind. Zur Vermeidung solcher Beeinträchtigungen ist es also sinnvoll, diese Flächen nicht oder ggf. nur unter Auflagen, die den natürlichen Phänomenen Rechnung tragen, zu nutzen, zumal die Begrenztheit der Wirkung technischer Schutzbauten und -einrichtungen zumindest in akademischen Debatten inzwischen vielerorts anerkannt ist.

Mit dem Verzicht auf eine fortgesetzte räumliche Verdichtung von materiellen Werten wäre es, der Logik eines derart angepassten Nutzungskonzepts folgend, aber nicht getan. Im Sinne einer dauerhaft wirksamen Prävention müssten als schadensträchtig erkannte, aber bereits etablierte Nutzungen zurückgenommen werden. Das wäre jedoch, neben einem Nutzenentgang, mit noch weiter gehenden Eingriffen in Eigentums- und Nutzungsrechte verbunden und würde den Aufgabenbereich der Raumplanung nach herkömmlichem Verständnis weit überschreiten.

So überzeugend das Anliegen der natürlichen Gegebenheiten angepassten Raumnutzung erscheinen mag, so naheliegend sind die Einwände, die in der Praxis gegen die harmonisch verlaufende Implementierung solcher Vorhaben sprechen: Gefahrenkarten können sich negativ auf Grundstückspreise auswirken und damit den Unmut der Eigentümer provozieren, und Gemeinden betrachten es unter Umständen als Beschneidung ihrer Entwicklungsmöglichkeiten, wenn die Ausweisung von Wohn- und Gewerbegebieten etwa an rutschungsgefährdeten Hängen oder in der Aue erschwert werden. Ist nicht Neubautätigkeit ein deutlich sichtbares Zeichen wünschenswerter Prosperität, während Risiken unsichtbar sind und auch Experten nicht verlässlich vorhersagen können, wann und wie sie realisiert werden – also vielleicht lange nach der nächsten Wahl, vielleicht erst in drei Generationen?

Nachdem Probleme und Potenziale der Raumordnung verschiedentlich bei früheren Diskussionen des Arbeitskreises Naturgefahren/Naturrisiken innerhalb der Deutschen Gesellschaft für Geographie zur Sprache gekommen waren, wurde die elfte Sitzung als Workshop explizit zu diesem Themenfeld konzipiert. Erfreulicherweise konnte hierbei ein – wie wir meinen – weit reichendes Spektrum von Themen, Perspektiven und Fallbeispielen angesprochen und diskutiert werden.

Die Referate des Arbeitskreistreffens vom 07.-08.03.2003 in Nürnberg sind im vorliegenden Band – teilweise überarbeitet und ergänzt – wiedergegeben.

Stefan Greiving (Dortmund) unterzieht die für das Risikomanagement von Naturgefahren in Deutschland derzeit zur Verfügung stehenden raumplanerischen Instrumente einer kritischen Würdigung. Risikomanagement wird von Greiving als das übergeordnete Vorgehen mit den Teilbereichen der Risikoabschätzung, Risikobewertung und Entscheidung über Maßnahmen und Maßnahmenumsetzung verstanden. Ziel des vom Autor propagierten Risikomanagements ist die vorbeugende Bewältigung erkannter Risiken. Zielführend erscheint dabei die Abkehr von der derzeit vorherrschenden defensiven Gefahrenabwehr, die sich vor allem auf lokale technische Maßnahmen stützt und das Erschließen von Handlungsspielräumen, die einen Konsens über umfassendere, langfristige(re) Vorbeugung ermöglichen. Auch aus der Nachhaltigkeitsdebatte lassen sich Argumente ableiten, die für die Anerkennung von Katastrophenresistenz als eigenständige Zieldimension gesellschaftlicher Entwicklung sprechen. So wünschenswert die konsequente Einbeziehung von räumlich differenzierten Gefahren in die Raumplanung sei, genauso dürfe das Augenmerk diesbezüglich aber nicht isoliert nur auf eine einzige Gefahr gerichtet werden. Der Autor plädiert deshalb für die Ausweitung des Raumtypenkonzepts und die Einführung der Kategorien Risikovorranggebiet, Risikovorbehaltsgebiet und Risikoeignungsraum.

In dem thematisch-konzeptionellen Beitrag von Thomas Weith (Potsdam) wird ein zumal in den letzten Jahren in Deutschland häufiger zu beobachtendes Phänomen aufgegriffen: Während und kurz nach extremen Naturereignissen werden weitreichende Forderungen im politischen Raum erhoben. Beispielsweise wird nach ausgedehnten Überschwemmungen die Forderung aufgestellt, den Flüssen mehr Raum zu geben. Dabei wird von vielen ein umfassendes „Umdenken" aller Beteiligter angemahnt und für veränderte, besser angepasste Flächennutzungen plädiert. Faktisch ändert sich hingegen wenig, mit gemeinsamen Anstrengungen wird effektiv an der Wiederherstellung des *status quo ante* gearbeitet. Anstöße zur theoretischen Reflexion über diese Entscheidungssituation zu geben ist Anliegen des Beitrages. Die Entscheidungsstrukturen und -situationen im Kontext von Katastrophen unterscheiden sich grundsätzlich von jenen, die „normalerweise" der Entscheidungsfindung mit umweltpolitischem Bezug zugrunde liegen. Stattdessen, so Weith, sei die Entscheidungssituation eher vergleichbar mit jenen Kontexten, für die in den 1970er Jahren das sogenannte „Garbage Can Modell" („Mülleimer-Modell") entworfen wurde. Auf Basis dieses Modells leitet der Autor Schlussfolgerungen ab, die – würden sie zeitnah und systematisch Eingang finden in die öffentliche Debatte anlässlich besagter Entscheidungssituationen – geeignet sein könnten, die so oft geforderten „Richtungsveränderungen" und deren gesellschaftliche Akzeptanz zu erleichtern.

Die Berücksichtigung von Naturgefahren in der Raumordnung Bayerns wird von Rudolf Scharl (München) aus Sicht des Bayerischen Staatsministeriums für Landesentwicklung und Umweltfragen erläutert. Der Klimaschutz und die Hochwasservorsorge stehen als politische Schwerpunkte an vorderster Stelle. Das am 1.4.2003 in Kraft getretene Landesentwicklungsprogramm Bayern berücksichtigt besonders den Klimaschutz und die Luftreinhaltung und enthält den Auftrag an die Regionalplanung, im Maßstab 1:100.000 Vorranggebiete zum Hochwasserschutz auszuweisen. Im gleichen Maßstab sind im seit 1972 existierenden Alpenplan des Landesentwicklungsprogramms drei Zonen festgelegt, die eine weitere Verkehrserschließung regeln (Zone A: Entwicklung noch möglich; Zone B: bedingt möglich; Zone C: landesplanerisch unzulässig). Die Einteilung erfolgte nach Gesichtspunkten der Erholung und des Tourismus unter Berücksichtigung des Gefährdungspotenzials von Erosion und Lawinen. Zusammenfassend konstatiert Scharl, dass die Raumordnung einen hohen Beitrag zur Gefahrenminderung bei Naturereignissen leiste. Die Akzeptanz von Problemlösungen sowohl seitens der Politik wie der Bevölkerung sei vor allem direkt nach Katastrophen wahrscheinlich. Deshalb plädiert der Autor für die Nutzung dieses Zeitfensters der erhöhten Akzeptanz nach Katastrophen im Interesse der Katastrophenvorsorge.

Aus Sicht des Bayerischen Geologischen Landesamts (GLA) wird von Andreas von Poschinger ein Überblick über die Entwicklung und die Verwaltungsstruktur der Zuständigkeiten für Naturgefahren am Beispiel der gravitativen Massenbewegungen erläutert. Es wird hervorgehoben, dass durch die hohe Fluktuation der ansässigen Bevölkerung die vorhandenen traditionellen Überlieferungen und Kenntnisse im Umgang mit der Natur mehr und mehr verloren gehen und dieser Verlust durch den Einsatz eines Geographischen Informationssystems (GIS) kompensiert werden muss. Das vom GLA entwickelte Gefahrenhinweissystem GEORISK wird erläutert und in Bezug zum Bayerischen Bodeninformationssystem (BIS) gestellt. Momentan werden im GEORISK-System aktuelle oder frühere Rutschbereiche und Ablagerungen dargestellt. Es ist geplant, auch regionale Modellierungen einzubauen, um zukünftig auch potenziell gefährdete Gebiete auszuweisen. Der Autor gelangt zu einer sehr positiven Bewertung des GEORISK-Informationssystems, das eine optimale Basis für die Gefahrenvorsorge darstelle.

Den Blick auf die Schweiz und hier vor allem auf die Situation im Kanton Graubünden richtet Kerstin Schaller (Nürnberg). Der Beitrag dokumentiert Tradition, raumplanungsrelevante und raumordnerisch-rechtliche Grundlagen sowie die aktuelle Praxis der Naturgefahrenprävention im Raumplanungskonzept. Auf der Grundlage eines Ereigniskatasters werden rückblickend für alle als relevant erachteten Flächen die potenziell schadenbringenden Naturereignisse erfasst, die dann als Grundlage für vorausschauend konzipierte Gefahrenkarten Verwendung finden. Diese Gefahrenkarten weisen Zonen unterschiedlicher Gefährdungsstufen parzellenscharf aus und sind Bestandteil der kommunalen Nutzungsplanung. Im Falle erfolgter Schädigung oder Zerstörung ist in Zonen hoher Gefahr erklärtes Ziel, den Wiederaufbau von Wohngebäuden und Stallungen nur in Ausnahmefällen zu gestatten.

Der letzte Beitrag (Carsten Felgentreff und Daniel Drünkler, Potsdam, sowie Ramatollah Farhudi und Hasan Masumy Eshkevary, Teheran) wurde nicht als Vortrag im Rahmen besagter Arbeitskreissitzung gehalten, sondern wird aus Gründen der thematischen Nähe als Originalbeitrag in diesen Band aufgenommen. Die Autoren befassen sich mit den aktuellen Bemühungen, im Iran ein System räumlich orientierter Planung zu etablieren. Einige der dabei in einem theokratisch und zentralistisch verfassten Staatswesen auftretenden Probleme werden exemplarisch anhand der unlängst erfolgten Aufstellung eines Landesentwicklungsplans für die Provinz Isfahan erläutert. Die hierbei beabsichtigte Steuerung von Wachstumsprozessen scheint allerdings eher kurzfristigen Überlegungen und Kostenkalkülen – etwa der bereits vorhandenen Infrastruktur – zu folgen. Wie in wahrscheinlich zahllosen anderen Staaten und Regionen werden Gesichtspunkte der Katastrophenprävention bisher allenfalls nachrangig bedacht.

Als Herausgeber danken wir allen Vortragenden und Diskussionsteilnehmern, die durch ihr Engagement und durch ihre Beiträge zum Erfolg des Nürnberger Workshops beigetragen haben. Unser Dank gebührt auch all jenen, ohne deren Mithilfe, Begutachtung und Unterstützung dieser Band niemals in der vorliegenden Form hätte erscheinen können.

Carsten Felgentreff und Thomas Glade

Stefan Greiving

1 Möglichkeiten und Grenzen raumplanerischer Instrumente beim Risikomanagement von Naturgefahren

Zusammenfassung:

Der folgende Beitrag untersucht die Rolle der Raumplanung und hier speziell der ihr zur Verfügung stehenden Instrumente beim Risikomanagement von Naturgefahren. Dazu wird zunächst kurz ausgeführt, was unter Raumplanung bzw. Naturgefahren verstanden wird, um dann die Rolle der Raumplanung beim Risikomanagement zu bestimmen. Schließlich wird, orientiert am DPSIR-Modell und dem Leitbild der nachhaltigen Raumentwicklung, aufgezeigt, welche Instrumente der Raumplanung auf den einzelnen Handlungsebenen der Bewältigung von Naturgefahren zur Verfügung stehen. Dabei werden auch Überlegungen vorgestellt, wie bestehende Instrumente und Konzepte (Raumbeobachtung, Raumtypen) für den Zweck Risikomanagement adaptiert werden könnten, die keinen Anspruch auf unmittelbare Umsetzbarkeit erheben, sondern als Anregungen für weitere Forschungen dienen sollen.

2.1 Einführung und Klärung zentraler Begrifflichkeiten

Der folgende Beitrag möchte die Rolle der Raumplanung und hier speziell der ihr zur Verfügung stehenden Instrumente beim Risikomanagement von Naturgefahren beleuchten. Der Beitrag ist im Wesentlichen eine theoretische Auseinandersetzung mit dem Selbstverständnis von Raumplanung und der sich daraus ergebenden Funktion dieser Planungsform innerhalb des Risikomanagements von Naturgefahren. Zentrale Bestandteile einer Theorie sind die Definition der verwendeten Begriffe und eine Reihe in sich widerspruchsfreier Hypothesen auf höherem Abstraktionsniveau. Dies ist Gegenstand von Kap. 1 (Raumplanung, Naturgefahren). Auf dieser Grundlage erfolgt in Kap. 2 die Begründung einer Theorie über die Rolle der Raumplanung beim Risikomanagement von Naturgefahren. Raumplanung ist als nicht ausschließlich ingenieurwissenschaftliche Disziplin in einen gesellschaftlichen Kontext eingebunden und ihre Instrumente fußen auf einer normativen, von politischen Zielvorstellungen geprägten Basis. Dieser Hintergrund wird in Kap. 3 diskutiert und dabei auf den Zusammenhang zwischen dem Leitbild der nachhaltigen Entwicklung und der Katastrophenanfälligkeit von Gesellschaften abgestellt. Kap. 4 widmet sich auf dieser Grundlage einer möglichen Strategie, mit deren Hilfe Raumplanung in die Lage versetzt wird, nachhaltig mit Naturgefahren umzugehen. Die einzelnen Stufen dieser Strategie sind auch als Schritte im DPSIR-Modell abbildbar, das in den Umweltwissenschaften entwickelt worden ist.

2.1.1 Raumplanung

Raumplanung wird als ein System räumlicher Planung verstanden, das die Nutzung des Raumes normativ regelt und sich in verschiedene Planungsebenen mit zunehmend detaillierter werdenden Regelungen aufgliedert.

Raumordnung ist die zusammenfassende, überörtliche und übergeordnete Raumplanung zur Ordnung und Entwicklung des Raumes. Raumordnung umfasst alle raumbedeutsamen Bereiche, geht damit über den rein boden- bzw. grundstücksbezogenen Ansatz der Bauleitplanung (Art. 74 Nr. 18 Grundgesetz, GG) hinaus und ist auf Bundesebene Gegenstand rahmensetzender Vorschriften (Art. 75 Nr. 4 GG) und damit im wesentlichen Aufgabe der Länder (Landesplanungsgesetze). Dabei ist die Aufgabenstellung räumlicher Gesamtplanung überfachlich, womit bestimmte fachliche Gesichtspunkte nicht vorherrschend sind, sondern koordiniert und zu einem Ausgleich geführt werden.

§ 1 des Raumordnungsgesetzes (ROG) benennt Aufgabe und Leitvorstellung der Raumordnung. Abs. 1 lautet: „Der Gesamtraum der Bundesrepublik Deutschland und seine Teilräume sind durch zusammenfassende, übergeordnete Raumordnungspläne und durch Abstimmung raumbedeutsamer Planungen und Maßnahmen zu entwickeln, zu ordnen und zu sichern."

§ 1 Abs. 2 ROG benennt als Leitvorstellung eine „nachhaltige Raumentwicklung, die die sozialen und wirtschaftlichen Ansprüche an den Raum mit seinen ökologischen Funktionen in Einklang bringt und sie zu einer dauerhaften, großräumig ausgewogenen Ordnung führt." Diese Formulierung deutet auf ein Primat der ökologischen Komponente hin. Hieraus lässt sich indirekt die Forderung ableiten, möglichen Risiken, die die Verwirklichung dieser Leitvorstellung gefährden könnten, vorbeugend zu begegnen. Direkt wird dies im ROG jedoch nicht erwähnt.

Raumordnung auf Bundesebene ist nichts weiter als Zwecksetzung über die Normierung von Handlungsnormen für Landes- und Regionalplanung, zu unterscheiden in finale Handlungsnormen (Planzielbestimmungen), instrumentale Handlungsnormen (Planmittelbestimmungen) und prozedurale Handlungsnormen (Planverfahrensbestimmungen). Dies dient nicht nur der Herstellung oder Wahrung von Rechtmäßigkeit, sondern auch der Steuerung einer sachgerechten Planung. Auf der Ebene der Landesplanung tritt zu dieser Funktion (Ergänzung der Handlungsnormen in den Landesplanungsgesetzen) noch eine Planungsfunktion hinzu. Instrument ist ein Landesraumordnungsplan, der die räumliche Struktur eines Bundeslandes in den Grundzügen festlegt. Auf Ebene der Regionalplanung tritt die Planungsfunktion in den Vordergrund, indem konkrete Festlegungen zur Raumstruktur im Rahmen eines Regionalen Raumordnungsplanes für einen Teilraum eines Bundeslandes getroffen werden, die verbindliche Zielvorgaben für die kommunale Bauleitplanung wie auch die Fachplanungen vorgeben.

Träger der Bauleitplanung als dem örtlichen Teil der städtebaulichen Planung sind die Gemeinden als Selbstverwaltungskörperschaft. Art. 28 Abs. 2 Satz 1 GG garantiert die Unverletzlichkeit der kommunalen Selbstverwaltung, mit der das Recht auf Aufstellung von örtlichen Bauleitplänen (§ 2 Abs. 1 BauGB), die so genannte „Planungshoheit" verbunden ist. Mit dem Recht auf Planung ist grundsätzlich ein Spielraum an Planungsermessen bzw. eine Gestaltungsfreiheit im Rahmen der gesetzlich vorgesehenen Planungsaufgaben und innerhalb konkreter Planungen verbunden, der durch die Abwägungsklausel des § 1 Abs. 6 BauGB gesteuert wird.

Die Bauleitplanung ist in das Gesamtplanungssystem aus Raumordnung, Landesplanung und örtlicher Planung (Bauleitplanung) integriert. Die einzelnen Ebenen funktionieren nach dem in § 1 Abs. 3 ROG formulierten Gegenstromprinzip, wonach sich die Ordnung der Einzelräume in die Ordnung des Gesamtraumes einfügt, diese aber auch Gegebenheiten und Erfordernisse der einzelnen Teilräume berücksichtigen muss, die Gemeinden also entweder Träger der Regionalplanung sein sollen oder an der Aufstellung entsprechender Pläne zu beteiligen sind (§ 9 Abs. 4 ROG).

Neben der Raumplanung besteht ein zweiter, davon zu trennender Bereich räumlicher Planung, nämlich die so genanten Fachplanungen, die der planerischen Bewältigung der ihr vom Gesetzgeber überantworteten fachlichen Aufgaben allein unter fachlichen Gesichtspunkten dienen, wie z.B. die der Wasserwirtschaft. Diese Fachplanungen sind in erster Linie für die Planung und Durchführung konkreter Projekte zuständig, die von überörtlicher Bedeutung sind. Dies trifft etwa für wasserbauliche Maßnahmen zu.

2.1.2 Naturgefahren

Naturgefahr wird hier als Oberbegriff für Ereignisse, die auf natürliche, nicht der Anthroposphäre zuzuordnenden Phänomene zurückgehen, diese aber potenziell durch ihre direkten oder indirekten Auswirkungen bedrohen, verstanden. Naturgefahren unterscheiden sich nach *Hollenstein* in wesentlichen Punkten von Gefahren im technikorientierten Sinne.[1]

- Sie sind schwierig abzugrenzen, weil ihnen permanent ablaufende Prozesse zugrunde liegen (z.B. Wasserabfluss) und nur das Ausmaß bzw. die Intensität des Vorgangs (erhöter Abfluss = Hochwasser) zur Gefahr wird.
- Die gefährlichen Prozesse sind in der Regel Produkt eines Vorgangs, der einen größeren Raum betrifft (Abfluss von Niederschlägen auf ein Flusseinzugsgebiet im Flussbett) und der selber nur schwer zu überwachen ist. Eine Überwachung und Steuerung erfolgt nur indirekt (im Gewässerbett).
- Bei Naturgefahren lassen sich Gefahrenquellen nur schwer abgrenzen. Es gibt bei in der Regel flächigen Prozessen keine klare Gefahrenquelle, die als „Emission" behandelt werden könnte (also etwa der gesamte Niederschlag). Stattdessen muss untersucht werden, welche Wirkungen von außen auf einen Raum einwirken, womit die Gefahr zur Immission (also z.B. zum Hochwasser) wird.
- Während die direkten, in der Regel mechanischen Wirkungen von natürlichen Prozessen erklärbar sind, sind die dynamischen und häufig langfristigen Belastungen für die meisten Schutzgüter kaum bekannt.
- Jeder Raum und seine natürlichen Elemente sind einzigartig, Übertragungen von Erkenntnissen auf einen anderen Raum daher nur bedingt möglich.

---

[1] Hollenstein 1997, S. 55ff.

Unterhalb der geschilderten Charakteristika von Naturgefahren gibt es eine Reihe weiterer Kriterien, nach denen sich einzelne Naturgefahren unterscheiden lassen. Hier ist zunächst eine Klassifizierung nach den Ursachen der den Naturgefahren zugrunde liegenden Phänomenen möglich, woraus sich folgende Kategorien ergeben.[2]

- gravitative Gefahren (z.B. Überschwemmungen, Murgänge, Lawinen),
- klimatische Gefahren (z.B. Dürre, Sturm, Hagel) und
- tektonische Gefahren (z.B. Erdbeben, Vulkanausbrüche).

Eine derartige Kategorisierung ist typisch und ausreichend für eine naturwissenschaftliche, an der Gefährdung orientierte Betrachtung. Für eine Orientierung am Risiko und einer Bezugnahme auf den Raum müssen jedoch auch die Schutzgüter und die Beeinflussbarkeit der Parameter Eintrittswahrscheinlichkeit/Schadensausmaß durch planerisches Handeln in eine Klassifizierung einbezogen werden. Die wesentlichen Kriterien sind hier die

- *Standortgebundenheit (Raumbezug einer Naturgefahr):*
  Kann eine Gefahr überall auftreten oder ist sie auf bestimmte Räume, bestimmte Standorteigenschaften begrenzt?
- *Zeitgebundenheit (Zeitbezug einer Naturgefahr):*
  Kann eine Gefahr zu jeder Zeit bzw. stets mit der gleichen Wahrscheinlichkeit auftreten oder ist die Gefahr auf einen bestimmten Zeitpunkt/Zeitraum begrenzt oder erhöht?
- *Spontaneität (Prozessbezogenheit einer Naturgefahr):*
  Tritt eine Gefahr plötzlich und u. U. sogar ohne Vorwarnung auf oder handelt es sich um einen schleichenden Prozess?
- *Abgrenzbarkeit (Wirkungsbezogenheit einer Naturgefahr):*
  Lässt sich der Wirkungsbereich einer Gefahr klar abgrenzen oder ist er diffus?
- *Beeinflussbarkeit (Eintrittswahrscheinlichkeit W und/oder Schadensausmaß S) einer Naturgefahr:*
  Lassen sich die beiden Parameter durch menschliches/ planerisches Handeln beeinflussen?

Für die Frage, inwieweit sich Naturgefahren für eine Betrachtung aus der Perspektive der räumlichen Planung eignen, sind vor allem zwei Parameter maßgeblich:
- Lassen sich die Gefahren räumlich eingrenzen?
- Lassen sich die Gefahren beeinflussen?

Ist dies nicht der Fall, handelt es sich also um im wesentlichen ubiquitär auftretende Ereignisse wie Stürme, machen Aussagen darüber, ob etwa bestimmte Areale in ihrer Nutzung beschränkt werden sollen, wenig Sinn. Lässt sich ein Ereignis nicht beeinflussen, erscheint planerisches Handeln ebenfalls unangebracht. Bei der Frage der Beeinflussbarkeit kann noch zwischen einer Beeinflussbarkeit der Eintrittswahrscheinlichkeit und des Schadensausmaßes unterschieden werden. Im Idealfall, wie bei Flussüberschwemmungen, können beide Parameter, bei Erdbeben lediglich das Schadensausmaß beeinflusst werden.

---

[2] Egli 1996, S. 22.

2.2. Der Versuch einer Theoriebildung

Raumplanung trifft Entscheidungen für die Gesellschaft darüber, ob und wie bestimmte Räume, dass heißt Flächen oder konkrete Standorte, genutzt werden dürfen. Diese Entscheidungen haben aufgrund der mit ihnen in der Regel verbundenen konkreten Bodennutzungsentscheidungen, die sich in baulichen Anlagen manifestieren, langfristige Auswirkungen und sind oftmals sogar irreversibel. Von der Natur der Sache her ist mit jeder Entscheidung ein Risiko verbunden. Daher sollte Planung auch das Vorwegdenken der Konsequenzen von Handlungen bzw. Raumnutzungen beinhalten. Dabei ist natürlich auch die Auseinandersetzung darüber, welche Risiken mit diesen Nutzungen verbunden sein könnten, raumbezogen.

Im Folgenden soll dabei zunächst versucht werden, die Rolle der räumlichen Planung beim Umgang mit Risiken theoretisch zu begründen. Dafür sind die wesentlichen Begriffe Risiko, Schaden und Raum zu definieren und in einen Zusammenhang zu bringen.

Auf dieser Grundlage wird erläutert, nach welchen grundlegenden Prinzipien der raumbezogene Umgang mit Risiken gesteuert werden sollte. Daraus ergeben sich sowohl in methodischer, instrumenteller und verfahrensmäßiger Hinsicht Forschungsfragen, die hier nur angerissen, aber nicht abschließend beantwortet werden können.

2.2.1 Der Risikobegriff

Einem Risiko liegt stets eine Art von realer Gefahr zugrunde. Gefahr wird als der Tatbestand einer objektiven Bedrohung durch ein zukünftiges Ereignis definiert, wobei die Gefährdung mit einer bestimmten Eintrittswahrscheinlichkeit auftritt.

Zum Risiko wird eine Gefahr durch die zu erwartenden Schäden (bzw. Folgen des Ereignisses, Vulnerabilität) und die Möglichkeit, den Eintritt und das Ausmaß der Folgen eines Ereignisses durch Entscheidungen beeinflussen zu können. Damit wird Risiko definitorisch vom alleinigen Kriterium der Berechenbarkeit gelöst[3].

Risiken in diesem Sinne bezeichnen somit mögliche Folgen von erwünschten Handlungen oder Ereignissen, die im Urteil der überwiegenden Mehrheit als unerwünscht gelten, mögliche Schäden aber um eines Vorteils willen, der die möglichen Nachteile übersteigt, in Kauf genommen werden. Dabei muss der mögliche Vorteil nicht unbedingt ein ökonomischer oder emotionaler Nutzen sein, um dessen Willen das Risiko in Kauf genommen wird, sondern der Vorteil kann das Risiko selbst sein, dass heißt bestimmte Aktivitäten oder Handlungen gewinnen gerade dadurch an Reiz, das mit ihnen Risiken verbunden sind. Man denke nur an die zahlreichen Extremsportarten. Daran zeigt sich deutlich die Zweckrationalität von riskanten Entscheidungen. Es werden bestimmte Wirkungen vorausgesetzt, die wegen ihres Wertes für erstrebenswert gehalten werden. Gesucht werden unter einengenden Bedingungen die Mittel, die die erwünschten Wirkungen errei-

---
[3] Hiller 1993, S. 17.

chen können. Ziel ist die möglichst günstige Relation zwischen Aufwand und Ertrag, also zwischen Mittel und Zweck.

Die gewählte Risikodefinition beim WBGU-Ansatz[4] oder bei *Luhmann*[5] beschränkt sich darauf, unter Risiken zu verstehen, dass als Konsequenz von menschlichen Handlungsentscheidungen negativ bewertete Ereignisse eintreten können. Das Risiko von Naturkatastrophen wird explizit ausgeklammert. Obwohl sich der menschliche Faktor bei Naturkatastrophen nur schwer vom natürlichen trennen lässt. In jedem Fall geht es also um die Verbindung zweier Komponenten: Unsicherheit und Konsequenzen. Diese Konsequenzen können sich dabei sowohl als Resultat einer (planerischen) Handlungsoption als auch als Attribut eines Ereignisses (z.B. Wiederkehrwahrscheinlichkeit eines Hochwassers) ergeben.

Durch die Risikokalkulation wird versucht, den Vorteil zu nutzen, den die Zukunft verspricht und gleichzeitig den Schaden zu begrenzen, der unter Umständen durch diese Handlung entstehen könnte.[6] Dieses Vorgehen ist insbesondere der Versicherungsbranche immanent. Die reine Multiplikation von Wahrscheinlichkeit (W) und Schadensausmaß (A), also $(R = W * A)^{\text{nach DIN 31000}}$, setzt aber voraus, dass es sich um wiederholbare Ereignisse mit beschränktem Schadensausmaß handelt. Die Formel eignet sich nicht zur Beschreibung von Risiken (R) mit großem Schadensausmaß und kleiner Eintrittswahrscheinlichkeit, wo bestimmte Schäden aufgrund ihrer irreversiblen Folgen unter keinen Umständen in Kauf genommen werden dürfen[7].

Riskante Entscheidungen sind dabei selbstreferentiell und paradox zugleich, da auch eine Nichtentscheidung eine Entscheidung ist und Ungewissheit im Hinblick auf sich einstellende Folgen der Entscheidung (z.B. mögliche Schäden) wie Nichtentscheidung (Verlust möglicher Vorteile) besteht.[8] Planung soll hier Anpassungsflexibilität sicherstellen, wo sie bereits vorhanden ist bzw. schaffen, wo sie noch nicht besteht sowie die Irreversibilität von Entscheidungen möglichst verhindern.

Gefahren und Risiken können individuell und kollektiv betrachtet werden. Bei einer Individualbetrachtung wird ein Standort bzw. die Sicht eines gefährdeten Objektes eingenommen, das von verschiedenen Gefahren bedroht sein mag. Dies ist die typische Betrachtung durch ein betroffenes Individuum: Was bedroht mich und mein Eigentum? Stehen eine oder alle Gefahrenquellen mit der durch sie gefährdeten Fläche bzw. den dort gefährdeten Objekten im Vordergrund, wird von einer Kollektivbetrachtung gesprochen.[9]

2.2.2 Risikomanagement

Risikomanagement bedeutet die Abkehr von einer defensiven Gefahrenabwehr unter Betonung lokaler technischer Maßnahmen als Ausdruck eines traditionellen

---

[4] Vgl. WBGU 1999, S. 288.
[5] Vgl. Beck 1986; Luhmann 1990.
[6] Bechmann 1993, S. 244.
[7] Egli 1996, S. 19.
[8] Bechmann 1993, S. 245.
[9] Simoni 1995, S. 26.

Sicherheitsdenkens hin zu einem umfassenden, an langfristiger Vorbeugung orientierten Handeln.

Methodisch bleibt beim Risikomanagement die Gliederung in Risikoabschätzung, Risikobewertung, Entscheidung über Maßnahmen und Maßnahmenumsetzung bestehen, wird jedoch Teil eines übergeordneten Vorgehens, für welches ein Zielkonsens besteht.[10] Daher wird im Folgenden auch der gesamte Prozess und nicht nur die Ebene der Entscheidungen zur Reduzierung, Steuerung und Regulierung von Risiken als Risikomanagement bezeichnet.

Risikomanagement bezieht mithin den kompletten Handlungsspielraum in die Suche nach Lösungen für die Bewältigung von Prozessen ein, deren Folgen als Risiken bewertet werden. Damit steht nicht ein Vorhaben, eine Maßnahme, sondern das komplette System aus gefährlichen Prozessen und Schutzgütern im Mittelpunkt des planerischen Interesses.

Entscheidend ist auch der prozesshafte Charakter, das heißt neue Erkenntnisse über Risiken sollten zu neuen Zielen führen. Ferner ist es wichtig zu betonen, dass Risikomanagement nicht lediglich auf der Basis von technischen Regelwerken oder gesetzlichen Bestimmungen funktionieren kann, wie sie die klassische Gefahrenabwehr prägen. Solange die Aufgabe in der Abwehr einer klar erkennbaren, singulären Gefahr besteht, ist die Anzahl der möglichen Entscheidungsvarianten überschaubar, lassen sich Regeln normieren, die eine Konditionalprogrammierung zulassen.[11]

Beim Risikomanagement sollten alle Umstände der spezifischen Konstellation, dass heißt auslösende Gefahr, vorhandenes Schadens- und Schädigungspotenzial, beteiligte Akteure und mögliche Maßnahmen berücksichtigt werden. Dabei geht es eben nicht um die Einhaltung eines bestimmten Sicherheitsstandards, der ja gerade zur Disposition steht bzw. auf die jeweilige Situation zugeschnitten entwickelt werden muss, sondern um eine vorbeugende Bewältigung erkannter Risiken, die eine inter- und intragenerationale Gerechtigkeit erkennen lässt. Die erforderliche Entscheidungssprache ist die Abwägung – auf Basis eines konsensorientierten Diskurses. Wichtig ist eine Kooperation aller beteiligten Planungsträger und darüber hinaus auch autonom handelnder Akteure bis hin zur Bevölkerung.

2.2.3 Rolle der Raumplanung

Im Rahmen einer raumplanerischen Betrachtung kann es nur darum gehen, ein operationales Konzept zu entwickeln. Dabei hat der verwendete Raumbegriff einen maßgeblichen Einfluss auf die planerische Behandlung der Thematik Risiko, weil je nach Raumbegriff und räumlicher Abgrenzung ganz andere Risiken in den Mittelpunkt rücken (z.B. subjektive Wahrnehmung von Faktoren wie Landschaftsbild versus Raum als natürliche Ressource im ökonomischen Sinne).

---

[10] Hollenstein 1997, S. 26f.
[11] Godschalk / Kaiser / Berke in Burby 1998, S. 92.

Raum wird als die Bezugsgröße definiert, in der sich Menschen bzw. ihre Artefakte gemeinsam Risiken aus einer räumlich relevanten Gefahr ausgesetzt sehen und auf diese im Rahmen gesellschaftlicher Interaktions- und Handlungsstrukturen innerhalb eines institutionalisierten und normierten Regulierungssystems reagieren.

Da es sich bei der Raumplanung um eine Wissenschaft handelt, die den Raum zum Gegenstand ihrer Betrachtung macht, kann es aus raumplanerischer Sicht nur um die Auseinandersetzung mit den Risiken aus (Natur-)gefahren für einen Raum gehen. Im Mittelpunkt steht dabei die Gesamtrisikobelastung aus allen Gefahrenquellen, weil die Raumplanung raum- und nicht medienbezogen agiert. Eine Beschränkung auf die Gefährdung, wie es die Naturwissenschaft vornimmt, würde verhehlen, dass es Aufgabe der Raumplanung ist, gesellschaftlich bzw. politisch gegebene Ziele so räumlich umzusetzen, dass die in der Gesellschaft agierenden Akteure ihre Ziele (angesichts unterschiedlicher Risikobewertungen) mit einer größeren Wahrscheinlichkeit verwirklichen können als ohne Planung. Daher ist die Verobjektivierung des Risikos, die mit der Reduktion auf die Parameter Eintrittswahrscheinlichkeit und Schadensausmaß vorgenommen wird, nur ein Teilaspekt eines raumplanerischen Risikobegriffes. Hinzu tritt der Entscheidungsbezug.

Dennoch ist es aus verschiedenen Gründen erforderlich, zunächst einzelne Gefahrenquellen zu betrachten. Dies gebietet die hohe Komplexität der Problemlagen. Zudem treten hier die Fachplanungen auf den Plan, die über das notwendige Fachwissen verfügen, eine Gefahren- und Risikoanalyse vorzunehmen. Die Abgrenzung der Untersuchungsräume hat sich dabei an o. g. Definition von Raum zu orientieren. Dies bedeutet etwa für die Naturgefahr Hochwasser eine Orientierung an Flusseinzugsgebieten.

Für eine mehrdimensionale Betrachtung aller Risiken, die einen Raum betreffen, wie sie in der Raumplanung vorzunehmen ist, ist eine politische Abgrenzung des Raumes unter Kooperation benachbarter, gemeinsam von einem spezifischen Risiko betroffener Räume erforderlich. Eine solche Region stellt einen Raum dar, in dem regelmäßig die räumliche Ausdehnung von potenziellen Schäden bzw. die Vorteile von Vorsorge zur Schadensvermeidung deckungsgleich mit den Grenzen der Region sind. Daher ist eine rationale Abwägung von Risiko-Chancen-Bündeln zu erwarten.

Ein Raum profitiert sowohl von den Chancen risikoreicher Aktivitäten als auch von Vorsorge gegen Schäden. Räumliche Planung untersucht dabei, wie sich Risiken im Raum manifestieren bzw. konzentrieren und wie ihre Ausprägung beeinflusst werden kann. Nun könnte man einwenden, dass statt von Risikoforschung, Risikomanagement genauso gut von Chancenforschung, Chancenmanagement gesprochen werden könnte. Dem kann jedoch entgegengehalten werden, dass nur auf der formalen Ebene der Eintrittswahrscheinlichkeit von Ereignissen im Sinne der Entscheidungslogik Risiko und Chance als symmetrische Begriffe verwendet werden. In der räumlichen Planung fallen hingegen positive und negative Folgen von Entscheidungen räumlich (z.B. Oberlieger-Unterliegerproblem) und auch zeitlich (Entscheidungen zugunsten der heutigen Generation zu Lasten künftiger Generationen) auseinander. Da es der räumlichen Planung darum gehen sollte, negative Konsequenzen ihrer Entscheidungen zu vermeiden, ist es legitim, von Risikomanagement zu sprechen.

Grundsätzlich sollte bereits im Prozess der Zielformulierung die Konsequenz (dass heißt mögliche Chancen und Risiken) damit verbundener Entscheidungen in die Überlegungen mit einbezogen werden. Im Zusammenhang mit Naturgefahren bedeutet dies, dass raumplanerisches Handeln auch daran ausgerichtet sein sollte, ob dadurch Eintrittswahrscheinlichkeit oder Schadensausmaß einer Naturgefahr beeinflusst werden. Dann sollte es Aufgabe der Raumplanung sein zu verhindern, dass Entscheidungen bestimmter Akteure die Gefahren, denen sich andere Akteure ausgesetzt sehen, erhöhen (externe Effekte). Schließlich gilt es, bei raumplanerischen Entscheidungen, mit denen Risiken für Betroffene verbunden sind, über diese Risiken und ihre Wahrnehmung mit den Betroffenen zu kommunizieren.

2.2.4 Schadensbestimmung in der Raumplanung

Mit dem Nachhaltigkeitskonzept lassen sich die Probleme der intra- und intergenerationalen Gerechtigkeit zwar zumindest potenziell lösen, doch es taucht ein neues Problem auf. Es können zwar gesetzlich und damit politisch legitimierte Schadensbegriffe definiert werden, die dem Gedanken des hypothetischen Konsenses folgen, doch stellen diese nur recht allgemeine politische Konzepte dar. Demokratisch verfasste Systeme können diesbezüglich dadurch charakterisiert werden, dass sie durch das Prinzip der Repräsentation von Interessen und Werten Tendenzen zur Pluralisierung und Differenzierung entgegenwirken. Konkretisiert werden derartige Vorgaben in Deutschland von Gremien wie dem Verein deutscher Ingenieure (VDI), die nach ihren eigenen, wissenschaftlich-technischen Maßstäben beurteilen, was jeweils der „Stand der Technik" ist und damit de facto darüber entscheiden, was allen Bürgern an Risiken zugemutet werden kann, denn alles, was diesem Stand der Technik entspricht, kann per Definition keinen Schaden auslösen. Dies wird von *Renn/Webler* zu Recht als demokratisch nicht legitimierte „Expertokratie" bezeichnet.[12] Der Stand der Technik ist zugleich die Generalklausel für den Maßstab an einklagbarer Sicherheit in Deutschland.

Dieses Technikmonopol entspricht nicht der Vielschichtigkeit an möglichen und legitimen Risikobewertungen und Schadensbegriffen. Gleichzeitig symbolisiert es eine fatale Entwicklung: Die politischen Institutionen werden zu bloßen Sachverwaltern einer Entwicklung, die sie weder geplant haben noch selbst gestalten können, aber dennoch verantworten müssen. Gleichzeitig werden laut *Beck* Entscheidungen in Wissenschaft und Technik mit einem politischen Gewicht versehen, für das die Akteure keinerlei Legitimation besitzen.[13] Dafür ist nach *Hiller* die Diskussion um Grenzwerte ein gutes Beispiel. Die wissenschaftlich-technische Grenzwertsetzung führe sogar zu einer regelrechten Politisierung des Rechts.[14]

---

[12] Renn / Webler in Renn et al. 1998, S. 15f.
[13] Beck 1986, S. 306.
[14] Hiller 1993, S. 126.

Andererseits hat das Bundesverfassungsgericht in seiner Kalkar-Entscheidung zu Recht erkannt, dass die Rezeption des „Standes der Wissenschaft und Technik" als eine Art Verweisung auf wissenschaftlichen Sachverstand der notwendigen „Dynamisierung" des Grundrechtsschutzes angesichts sich ständig wandelnder Rahmenbedingungen besser dient als eine genaue gesetzliche Fixierung von Gefahrengrenzen.[15] Im Übrigen steht der Exekutive seit dem Wyhl-Urteil des Bundesverwaltungsgerichts im Falle von Meinungsverschiedenheiten in der Wissenschaft ein eigener Wertungsspielraum im Rahmen des Verwaltungsermessens zu.[16] Dies wurde der Verwaltung zuvor nur auf der Rechtsfolgenseite, nicht aber auf der Seite der Sachverhalts-/Tatbestandsseite eingeräumt. *Ossenbühl* bezeichnet dieses Konzept als „Funktionsvorbehalt der Exekutive".[17]

Damit bleibt zwar die Ermittlung von Risiken Aufgabe der Wissenschaft und Technik, die Festlegung von bestimmten Grenzwerten ist aber Aufgabe der Exekutive, die aufgrund ihrer administrativen Autorität dazu legitimiert ist, innerhalb einer Bandbreite von sachverständig analysierten Möglichkeiten eine Entscheidung zu treffen.[18] *Hiller* kritisiert zu Recht, dass durch die Übertragung von Risikodefinitionen an technisch-ökonomisch-wissenschaftliche Instanzen ein Funktionsverlust von Recht entstehe. Die Entscheidungsfindung werde weitgehend durch ökonomische Interessen in der rationalisierten Form der ingenieurwissenschaftlich-technischen Standardsetzung bestimmt[19].

Das Problem der „objektiven" Bestimmung eines Schadens gerade angesichts der Komplexität moderner Technologien und Ökosysteme bleibt mithin ungelöst. Man denke nur an die höchst umstrittene Prämisse der Dosis-Wirkungs-Beziehung, die jeder Schädlichkeitsdefinition eines Stoffes zugrunde liegt und das Dilemma, dass mit Grenzwerten nur ein Kollektivschutz erreicht wird, nicht aber individuelle Dispositionen von Betroffenen, die erheblich differieren, berücksichtigt werden. Auch die Bewertung der Zumutbarkeit von Risiken bzw. Schäden ist kein naturwissenschaftlicher Prozess.

Faktische Risiko- und Schadensbewertungen sind unter diesen Umständen Entscheidungen unter Bedingungen der Komplexität. Dabei wird aber nicht länger zwischen einer begrenzten Schwankungsbreite an Möglichkeiten entschieden, sondern es geht um eine mehrdimensionale strategische Modellierung unter Bedingungen begrenzter Rationalität mit dem Ziel der Veränderung der Ausgangsbasis. So liegt die Einordnung von Risikobewertungen und Schadensdefinitionen in das Konzept des planerischen Entscheidens nahe.[20]

2.2.5 Schlussfolgerungen

Um den mit der Zukunftsorientierung des Risikobegriffes verbundenen Anspruch an Planung erfüllen zu können, muss die Richtigkeit von Entscheidungen vom künftigen Erfolg bzw. dem Grad der Zielerreichung abhängig gemacht werden.

---

[15] Vgl. BVerfG 49, 130.
[16] Zitiert in NVwZ 1986, S. 298.
[17] Ossenbühl in Erichsen 1998, § 10 Rn. 42.
[18] Ladeur in Bechmann 1993, S. 221.
[19] Hiller 1993, S. 139.
[20] Ladeur in Bechmann 1993, S. 223.

Evaluierungen dienen der Ermittlung, ob der gewünschte Zweck erreicht, die Entscheidung also richtig war. Wesentliche Eigenschaft raumplanerischen Umgangs mit Risiko sollte die Prozessorientierung von Planung sein. Dies bedeutet die ständige Überprüfung der getroffenen Entscheidungen hinsichtlich ihrer Zielerfüllung und auch die ständige Überprüfung der gesetzten Zwecke, weil sich die Rahmenbedingungen, unter denen diese Zwecke formuliert worden sind, ändern können (Stichwort globaler Klimawandel).

Im Mittelpunkt raumplanerischen Handels stehen also Konzepte, die auf Grundlage der Verwendung planerischer Instrumente, Methoden und Verfahren zu entwickeln sind und als fachliche Grundlage für politische Entscheidungen dienen sollen, mit denen Planungsrecht programmiert wird. Der Zweck besteht darin, wesentliche Determinanten für die Entstehung und Bewältigung von Naturgefahren zu beeinflussen, um so die damit verbundenen Risiken für einen Raum minimieren zu können. Nichts anderes ist Risikomanagement.

2.3 Der Zusammenhang zwischen dem Leitbild der nachhaltigen Entwicklung und der Katastrophenanfälligkeit von Gesellschaften

Das Leitbild der nachhaltigen Entwicklung ist mit der Einsicht verbunden, dass auch moderne Gesellschaften vom Bestand und dem Funktionieren ökologischer Systeme abhängen und nachhaltig nur funktionieren können, wenn sie die Systemressourcen nicht über Gebühr belasten. Der Schwerpunkt der Lösungskonzepte liegt auf der Prävention, der Ausrichtung der gesellschaftlichen und ökonomischen Strukturen dergestalt, dass eine dauerhafte umweltgerechte Entwicklung gesichert ist. Daher sollte auch die Vorsorge gegen Naturgefährdungen stärker in den Mittelpunkt der Überlegungen gerückt werden, denn immerhin gehört die Verbesserung der Katastrophenvorsorge im Sinne des Vorsorgeprinzips implizit zu den Anliegen der Agenda 21, insbesondere bei der Erhaltung und Bewirtschaftung der Ressourcen für die Entwicklung (Teil 2). Der globale Aktionsplan (Teil C 11) der Habitat-Agenda spricht Katastrophenschutz direkt an und weist der Katastrophenvorsorge eine wichtige Rolle innerhalb einer nachhaltigen Siedlungsentwicklung zu. Interessanterweise enthält der Nationale Aktionsplan zur nachhaltigen Siedlungsentwicklung keinerlei Aussagen zum Katastrophenaspekt. Dies spiegelt den geringen Stellenwert dieses Faktors in Deutschland wider. Insofern kann eine auf Katastrophen besser vorbereitete Gesellschaft auch als eine nachhaltigere Gesellschaft bezeichnet werden.

Auch *Lass et al.* sehen einen engen Zusammenhang zwischen realisierten Gefahren, also Katastrophen und dem Begriff der nachhaltigen Entwicklung. Eine gesellschaftliche Entwicklung kann sicher nicht als nachhaltig angesehen werden, wenn in ihrem Rahmen die Risiken wachsen, von katastrophalen Ereignissen betroffen zu werden. Umgekehrt sollte eine Entwicklung, die als nachhaltig bezeichnet wird, nicht katastrophenträchtig sein.[21]

In diesem Zusammenhang müssen auch Naturkatastrophen neu bewertet werden. Sie können nicht allein als Zeichen für soziale Unterentwicklung gelten. Entwick-

---
[21] Lass et al. 1998, S. 1.

lungsunterschiede beziehen sich vielmehr auf unterschiedliche Konstellationen aus gesellschaftlichen und natürlichen Faktoren, die jeweils Anfälligkeiten für spezifische Gefahren bedingen. So sind hoch entwickelte, dicht bevölkerte Regionen verletzlicher gegenüber Ereignissen, die die Telekommunikationsstruktur bedrohen wie Erdbeben oder auch Sonnenstürme, während Entwicklungsländer zweifellos verletzlicher gegenüber Stürmen und Überschwemmungen sind.

Ökologische Schäden können Mitauslöser von humanitären Schäden (Tote, Verletzte, Vertrauensverluste usw.) und Sach- bzw. Vermögensschäden sein. Außerdem können sie über Rückkoppelungsprozesse Ursache dafür sein, dass ökologisch schädliches Verhalten noch intensiver wird bzw. sich natürliche Umweltbedingungen weiter verschlechtern.

Aus den bisherigen Darlegungen lassen sich Kriterien für eine im Sinne des Nachhaltigkeitsgedankens zu verringernde Katastrophenanfälligkeit einer Gesellschaft ableiten: Erstens die Häufigkeit und Schwere von Katastrophenereignissen (bzw. Risiken). Zweitens das Schadenspotenzial in einer Gesellschaft und drittens die Fähigkeit der betroffenen Gesellschaft (Individuen, Gruppen, staatlichen Stellen), Katastrophen vorzubeugen bzw. auf sie akut und nachsorgend reagieren zu können.

Da alle drei Punkte Gegenstand des Risikomanagements sind, zeigt sich deutlich, dass Risikomanagement ein Instrument ist, das zur Umsetzung des Nachhaltigkeitsleitbildes wesentlich ist. Ferner ist festzustellen, dass neben sozialen, ökologischen und ökonomischen Kriterien eine gesellschaftliche Entwicklung flexibel auf die natürlichen Veränderungen des Systems Erde reagieren können bzw. widerstandsfähig gegenüber Katastrophen sein sollte. Dies sieht auch das US-Gremium *National Science and Technology Council* so: „Sustainable development must be resilient with respect to the natural variability of the earth and the solar system. The natural variability includes such forces as floods and hurricanes and shows that much economic development is unacceptably brittle and fragile."[22]

Eine solche Gesellschaft lebt im Einklang mit natürlichen Kreisläufen und Prozessen, zu denen auch Ereignisse wie Überschwemmungen, Stürme, Erdbeben usw. gehören.[23] Eine zukunftsfähige Gesellschaft sollte somit ein ständig innovierendes und lernendes System mit Anreizregelungen zur Risikominderung sein.[24] Nachhaltigkeit ist folglich eigentlich kein definierbares Ziel, sondern ein Auftrag, Mechanismen zu entwickeln, die für zukünftige negative Konsequenzen heutiger Entwicklungen (auch noch nicht absehbare) Anpassungsreaktionen mit dem Ziel einer Risikominderung vorhalten können.

Man könnte argumentieren, dass Katastrophenresistenz kein gleichgewichtiger Faktor ist, sondern quasi ein Produkt der anderen drei Faktoren darstellt; eine realisierte nachhaltige Entwicklung schließlich nicht katastrophenträchtig sein kann. Natürlich vermindert eine nachhaltige Entwicklung bestimmte Dispositionsfaktoren für Naturkatastrophen wie Entwaldung, Versiegelung usw., doch viele

---

[22] FEMA 1997, S. 2.
[23] Godschalk et al. 1999, S. 526.
[24] WBGU 1999, S. 333.

Katastrophen sind auf natürliche Ereignisse zurückzuführen, die zu einer intakten Umwelt gehören, die ja nach Verständnis der Nachhaltigkeit dauerhaft erhalten bleiben soll, und sogar ihre Funktion erfüllen (z.B. Überschwemmungen oder Waldbrände). Ohne eine Ausrichtung der Gesellschaft auf Widerstandsfähigkeit und Elastizität gegenüber katastrophalen Ereignissen kann daher eine ansonsten nachhaltige Entwicklung nicht aufrechterhalten werden. Wenn im Fall einer Katastrophe enorme wirtschaftliche, soziale und auch ökologische Schäden bzw. Kosten entstehen, kann dies eine Gesellschaft, die ansonsten die Nachhaltigkeitsziele verfolgt, um Jahre zurück werfen oder im Fall irreversibler Schäden dauerhaft beeinträchtigen. In der Regel entstehen durch den Wiederaufbau sogar zusätzliche Schäden (Ressourcenverbrauch, Abfallbeseitigung).

Daher sollte eine Gesellschaft sich das Ziel setzen, ihre Strukturen so zu entwickeln, dass diese natürlichen Prozesse nicht zu einer Beeinträchtigung ihrer anthropogenen Systeme führen. Dies rechtfertigt die Einführung einer eigenen Zieldimension Katastrophenresistenz.

2.4. Strategien der Raumplanung („spatial planning response")

Im Folgenden wird aufgezeigt, welche Möglichkeiten die Raumplanung besitzt, um strategisch auf die Herausforderung speziell der Bedrohung durch Naturgefahren zu reagieren. Strategie wird dabei als ein übergeordnetes Vorgehen zum Einsatz von Instrumenten, Methoden, Verfahren und Maßnahmen definiert. Eine Strategie dient dazu, gegebene Ziele zu erreichen und dabei konterkarierende Faktoren bzw. Akteure mit abweichenden Zielvorstellungen, die die gegebenen Ziele gefährden könnten, einzukalkulieren und Regelungen zum Umgang mit derartigen Situationen zu treffen.

Orientiert am DPSIR-Modell (driving forces, pressure, state, impact, response) lassen sich dabei verschiedene Stufen einer Antwort der Raumplanung auf die Bedrohung durch Naturgefahren bilden, die im Folgenden diskutiert werden.[25] Das DPSIR-Modell wurde ursprünglich für den Einsatz im Bereich Nachhaltigkeitsindikatoren entwickelt und im Zusammenhang mit einer möglichen Reaktion auf den Klimawandel verwendet.[26] Nun wurde oben erläutert, warum auch die Herstellung einer möglichst widerstandsfähigen Gesellschaft gegenüber Katastrophen zum Bestandteil einer nachhaltigen Entwicklung zu zählen ist. Daher liegt der Einsatz des Modells für den Bereich Risikomanagement von Naturgefahren nahe, wie Abbildung 1 verdeutlicht.

---

[25] Die folgenden Überlegungen wurden vom Verfasser im Rahmen des laufenden EU-Projekts „The spatial effects and management of natural and technological hazards in general and in relation to climate change" entwickelt. Vgl. ESPON HAZARD. First interim report. Espoo 2003.
[26] European Environment Agency 1999.

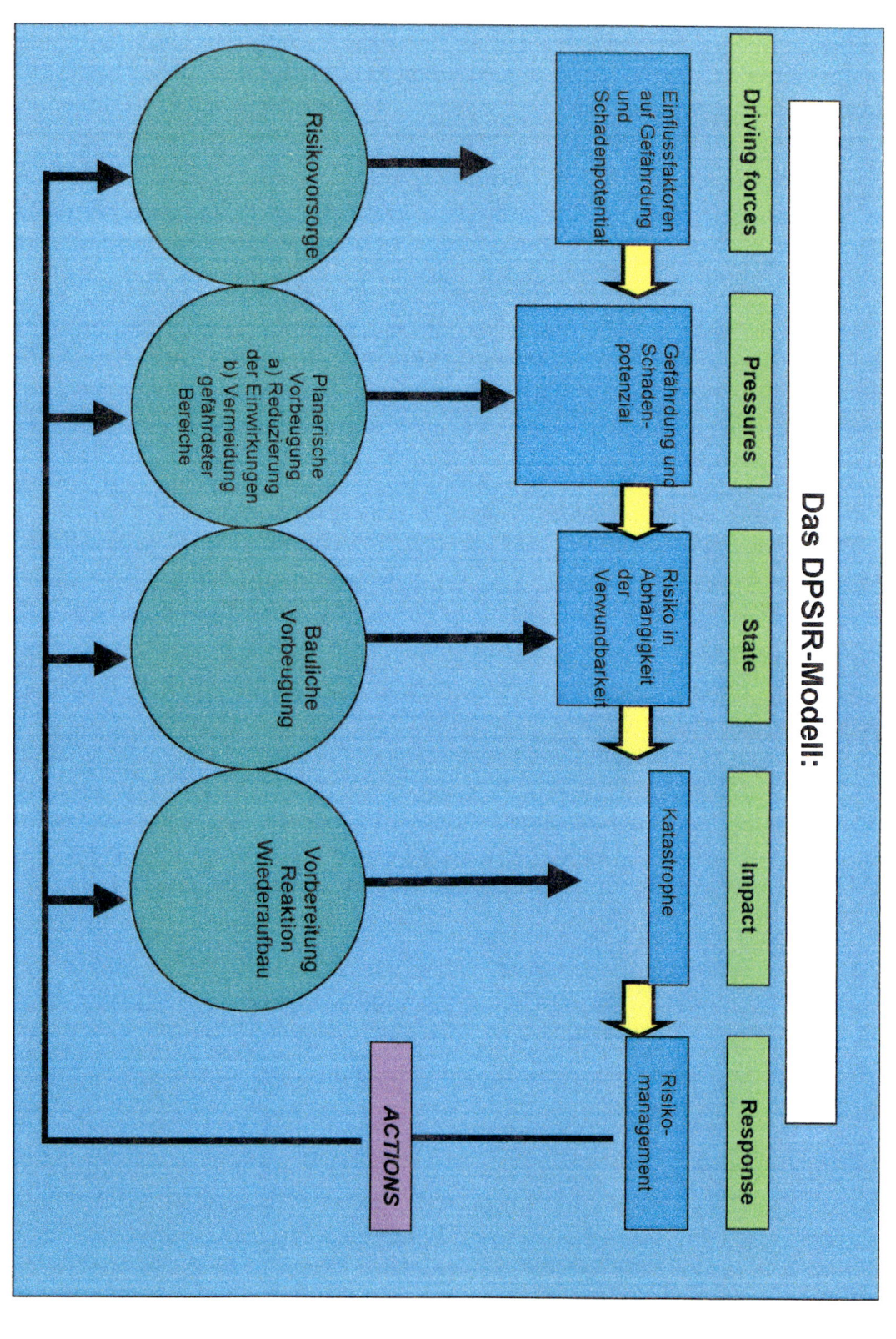

2.4.1 Risikovorsorge (prevention oriented mitigation)

Gegenstand der Risikovorsorge, oder „prevention oriented mitigation" sind die grundlegenden Einflussfaktoren („driving forces") für Gefährdung und Schadenspotenzial. Ein wesentlicher Faktoren ist hier der globale Klimawandel, der nach herrschender Meinung zu einer deutlichen Steigerung der Dynamik in der Atmosphäre und damit zu vermehrten Extremwetterlagen führen wird. Außerdem gehören gesellschaftliche Veränderungsprozesse zu den driving forces. Das Bevölkerungswachstum und der zunehmende Wohlstand bzw. das Wachstum von Volkswirtschaften führt zu einem erhöhten Schadenpotenzial.

Die Möglichkeiten der Raumplanung sind hier eher beschränkt. Der Anspruch an Planung, Gesellschaft zu verändern, wurde zwar in den 60er/70er Jahren des vergangenen Jahrhunderts erhoben („synoptisches Planungskonzept"), ist jedoch schon in diesen Zeiten, bei einer relativ guten finanziellen und personellen Ausstattung der Planung wohlgemerkt, an den Realitäten begrenzter Problemlösungskompetenzen und Informationsverarbeitungsfähigkeiten gescheitert. Auch die Aufrechterhaltung eines langfristig stabilen und in sich konsistenten Zielsystems entsprach und entspricht nicht den politischen Realitäten.

Im Wesentlichen kann Raumplanung im Zusammenhang mit Risikovorsorge über das Instrumentarium der Raumbeobachtung einen Beitrag leisten. Die Funktionen bestehen dabei darin, die Schaffung eines Risikobewusstseins über die Bereitstellung raumrelevanter Informationen über Gefährdungen und Schadenspotenziale beizutragen. Ein erster Ansatz dazu ist die Aufnahme der Hochwasservorsorge in den Raumordungsbericht 2000.[27] Besonders bedeutsam erscheint in diesem Kontext, die räumlichen Ausbreitung von Risiken zu dokumentieren und über den fachlichen Input einzelner Planungsträger (z.B. der Wasserwirtschaft) hinaus das aggregierte Gesamtrisiko eines Raumes zu erfassen, um eine sachgerechte Entscheidungsgrundlage über künftige Vorhaben und Maßnahmen zu erlangen, die dieses Risiko erhöhen oder aufgrund ihrer spezifischen Determinanten besonderen Gefährdungen ausgesetzt wären (z.B. großtechnische Anlagen). Am Ende sollte ein regelrechtes Risikoinformationssystem stehen, das für Regional- und Bauleitplanung zur Verfügung steht.

Die zentralen Probleme bestehen zunächst einmal darin, die erforderlichen Ausgangsdaten zu ermitteln und für die Raumplanung nutzbar zu machen. Hier ist eine Zuarbeit der Fachplanungen bzw. Experten erforderlich, an der es in der Vergangenheit vielfach gehapert hat. Auf methodischer Ebene muss eingeräumt werden, dass nach wie vor Wissensdefizite bestehen, insbesondere in der Frage geeigneter Wege auf aggregrierter Ebene zu einer Gesamtrisikobelastung eines Raumes zu gelangen.

Dabei ist zu berücksichtigen, dass die gängigen Methoden der Risikoanalyse objektorientiert sind, also an der Gefahrenquelle ansetzen. Benötigt wird aber ein raumbezogener Ansatz, der es für die Träger der Raumplanung transparent

---

[27] Vgl. Bundesamt für Bauwesen und Raumordnung. Bonn 2000.

macht, welcher Risikobelastung ihr Planungsraum ausgesetzt ist. Dabei ist sowohl eine absolute Skale (z.B. in monetären Einheiten, so genannte „annualisierte Schadenserwartungswerte" pro Raumeinheit) als auch eine relative Skale hilfreich, die die unterschiedliche Gefährdung verschiedener Regionen unabhängig von ihrer Verwundbarkeit verdeutlicht (etwa über den Prozentsatz an 100% Schadenspotenzial, der jährlich realisiert wird).

Gegenwärtig wird vom Verfasser im Rahmen des ESPON Forschungsprojektes versucht, diese Überlegungen zu operationalisieren. Im Ergebnis soll über die Aggregation der Einzelbetrachtung der raumrelevanten Gefahren ein „synthetic risk index" für die Europäische Union entstehen. Der Index basiert auf dem methodischen Ansatz der ökologischen Risikoanalyse, die vor allem in der Umweltverträglichkeitsprüfung Verwendung findet.[28]

Auf der Grundlage einer Typisierung raumrelevanter Gefahren soll für jede Gefahr eine Gefährdungs- und Risikoabschätzung erfolgen. Für die Gefährdung sind Eintrittswahrscheinlichkeit und Magnitude möglicher Ereignisse zu ermitteln.

Der Risikoindex berücksichtigt im Unterschied zum Gefährdungsindex zusätzlich die Verwundbarkeit einer Region, womit eine Differenzierung zwischen lediglich gefährdeten Regionen und Hochrisikoregionen möglich wird, die aufgrund ihrer besonderen Verwundbarkeit eine spezifisch andere planerische Antwort erfordern. Für die Risikoabschätzung sind geeignete Indikatoren heranzuziehen. Auf einer grobmaßstäblichen Ebene[29] reichen hierzu zwei Größen aus: Das Bruttoinlandsprodukt pro Kopf und die Bevölkerungsdichte. Ein größeres Indikatorenset würde nur zu zusätzlichen Gewichtungs- und Aggregationsproblemen zwischen den Indikatoren führen. Einen ähnlichen Ansatz verfolgt auch das HAZUS-Projet in den USA im Bezug auf Erdbeben.[30]

Verwundbarkeit

Um die Verwundbarkeit einer Region abzubilden, wird eine Kombination aus Bruttoinlandsprodukt/Kopf und Bevölkerungsdichte verwendet. Dies erlaubt eine Aussage über Schadenspotenziale sowohl im Hinblick auf Sachwerte (Infrastruktur, Gebäude, bewegliche Werte), als auch menschlichem Leben. Zudem lässt sich zumindest indirekt auf technische Reaktionspotenziale schließen. Es wird vorgeschlagen, beide Indikatoren gleichgewichtig zu verwenden. Die Aussagen sind zwischen den Regionen vergleichbar, da innerhalb der EU eine einheitliche Datenbasis (EUROSTAT) verfügbar ist. Auf diese Weise erlaubt die Ermittlung absoluter Werte (Bruttoinlandsprodukt/Kopf und Bevölkerungsdichte) Aussagen über die relative Verwundbarkeit der Regionen untereinander auf einer Kardinalskala. Dies bedeutet, dass alle mathematischen Operationen zulässig sind, also etwa eine Aussage, wie „die Verwundbarkeit in Deutschland ist doppelt so hoch wie in Frankreich" (fiktives Beispiel). Es darf aber nicht verhehlt werden, dass das Reaktionspotenzial nicht nur aus technischer Ausrüstung, sondern auch aus institutionellen Vorkehrungen besteht, die sich nur schwer quantitativ darstellen

---

[28] Vgl. Bachfischer 1978, Scholles 1997.
[29] Der so genannte NUTS 3 Level, also die Regionen auf europäischer Ebene, die in Deutschland die Regierungsbezirke darstellen.
[30] FEMA 2000.

lassen. Dies muss auf qualitativer Ebene erhoben und ggf. zu einer Korrektur der Einstufung bestimmter Regionen führen.

Schadenspotenzial

In aller Regel zerstört eine Katastrophe nicht das gesamte Schadenspotenzial einer bestimmten Bezugsgröße, sondern nur einen spezifischen Teil von ihm. Zur Bestimmung dieser Größe können Schadensfunktionen herangezogen werden, die auf empirischem Material beruhen, das auf ex-post-Analysen vergangener Schadensereignisse basiert.

Aggregation von Einzeldaten

Die Bestimmung eines Gefährdungspotenzials für eine Region, die praktisch immer von mehreren Gefahren gleichzeitig bedroht ist, gestaltet sich methodisch sehr schwierig, da komplexe Wechselwirkungen zu berücksichtigen sind. Ein bloßes Aufaddieren der Salden von Eintrittswahrscheinlichkeit und Magnitude ist wenig aussagekräftig. Daher wird empfohlen, zunächst für die einzelnen Risiken eine Matrix zu entwickeln.die sich wie folgt darstellt:

Tabelle 1: Risikomatrix (z.B. für Hochwasser)

Gefährdungs-intensität	Grad der Verwundbarkeit				
	I	II	III	IV	V
I				Sizilien*	
II					
III					
IV					London*
V				Seeland*	Hamburg[31]*

Gefährdungsindikatoren (Multiplikation):	Verwundbarkeitsindikatoren (Gewichtung 50:50):
Frequenz Magnitude	Bruttoinlandsprodukt/Kopf Bevölkerungsdichte

Grad der Verwundbarkeit	Bruttoinlandsprodukt/Kopf (EU-average = 100)	Bevölkerungsdichte (EU-average = 100)
I	< 50	< 25
II	50 – 75	25 – 100
III	75 - 125	100 - 200
IV	125 – 175	200 – 500
V	> 175	> 500

---

[31] Die Beispiele sind lediglich fiktiv, um die Funktion der Matrix zu veranschaulichen.

Die Tabelle 1 zeigt einen Vorschlag, wie die beiden Vulnerabilitätsindikatoren Bruttoinlandsprodukt/Kopf und Bevölkerungsdichte vor dem Hintergrund realer Raumstrukturen in der Europäischen Union so operationalisiert werden können, dass eine aussagekräftige Differenzierung der Regionen möglich erscheint.

Eine integrierte Risikomatrix über alle Gefährdungen ist nur auf einer Ordinalskala möglich, indem die Klassifikationen der Regionen über die einzelnen Gefährdungen aufsummiert, durch die Anzahl der Gefährdungen geteilt und wie folgt dargestellt werden:

Tabelle 2: Integrierte Risikomatrix

Durchschnittliche Gefährdung einer Region	Durchschnittliche Verwundbarkeit				
	I	II	III	IV	V
I					
II					
III					
IV					Hamburg*
V				Sicily*	Zeeland*, London*

Dieses Vorgehen ist mit vertretbarem Erhebungsaufwand verbunden und damit praktikabel und verspricht zugleich eine anschauliche Darstellung der Situation in Europa, die auch eine graphische Darstellung in Kartenform möglich erscheinen lässt. Diese Umsetzung ist ein Ziel des noch bis Frühjahr 2005 laufenden Projekts.

Man muss sich aber darüber im Klaren sein, dass auf diese Weise die bestehenden Zusammenhänge (Verstärkungs- wie Nivellierungseffekte) zwischen den Gefährdungen vernachlässigt und zweifellos gänzlich unterschiedliche Bedrohungen aufgrund unterschiedlicher Ausbreitungspfade der Auswirkungen von Naturereignissen wie Erdbeben, Hochwasser, Stürme usw. pauschaliert werden. Angesichts der räumlichen Ebene, die hier zur Debatte steht, erscheint ein derartig differenziertes Vorgehen jedoch weder angemessen noch leistbar zu sein und stellt das hier vorgestellte Vorgehen einen viel versprechenden Ansatz zum Aufbau eines europäischen Risikoinformationssystems dar, das in der Raumplanung Verwendung finden kann.

Jedenfalls ist es der erklärte Wille der Europäischen Kommission, die Exponierung der Regionen gegenüber Risiken stärkere Aufmerksamkeit zu schenken: So hat der zuständige EU-Kommissar Barnier vor dem Europaparlament am 3.9.2002 angekündigt „dem Aspekt der Vermeidung von natürlichen, technologischen und Umweltrisiken für die Ausrichtung der Strukturfonds nach 2006 stärkeres Gewicht zu verleihen".

2.4.2 Planerische Vorbeugung (nonstructural mitigation)

Naturgefahren sind nur deshalb ein Thema für die Gesellschaft, weil mit ihnen Schäden verbunden sind. Ein wesentliches Ziel planerischen Handelns sollte es deshalb sein, diese Schäden von vornherein zu vermeiden. Dazu gibt es zwei voneinander abzugrenzende Rahmenziele der Risikominderung, denen Maßnahmen zugeordnet werden:

Durch Verringerung der Eintrittswahrscheinlichkeit eines Ereignisses (etwa durch Schaffung von Retentionsräumen, Rückhalt von Wasser in der Fläche) werden die gefährlichen Einwirkungen durch Hochwasser auf die Schutzgüter reduziert.

Durch Verminderung des Schadenspotenzials wird die Exposition der Schutzgüter vermindert. Damit sollen die gefährlichen Prozessen ausgesetzten Nutzungen bezüglich ihrer räumlichen Lage und Bauausführung sowie des Verhaltens ihrer Nutzer an mögliche Schäden angepasst werden. Bei diesem Rahmenziel wird nicht der Prozess der Gefährdung, sondern sollen die als negativ empfundenen Konsequenzen dadurch verhindert werden, dass im potenziellen Einwirkungsbereich keine Schadenspotenziale entstehen. Zu unterscheiden ist dabei noch zwischen einer dauerhaften Verringerung der Exposition der Schutzgüter durch Begrenzung bzw. Rücknahme der Nutzungsintensität (Flächenvorsorge) und temporärer Reduktion der Exposition durch Evakuierungen und andere Maßnahmen (Verhaltensvorsorge). Daneben besteht auch die Möglichkeit, die Empfindlichkeit bestehender Nutzungen zu reduzieren (Bauvorsorge). Schließlich kann das (monetäre) Schadenspotenzial für die Betroffenen auch dadurch verringert werden, dass die Kosten externalisiert werden (Risikovorsorge). Die einzelnen Maßnahmenbündel bzw. Maßnahmen werden nun vorgestellt.

Vor dem Hintergrund der Ausführungen in Kap. 2.1.1 wird klar, dass sich die Raumplanung im Wesentlichen auf Beeinflussung des Schadenspotenzials zu konzentrieren hat, während eine Beeinflussung der Eintrittswahrscheinlichkeit (so dies überhaupt möglich ist, was etwa für Erdbeben sicher nicht zutrifft) im Wesentlichen eine Aufgabe der jeweils zuständigen Fachplanung darstellt.

Innerhalb der Raumordnung, also der überörtlichen Raumplanung, kommt in diesem Zusammenhang vor allen das so genannte Raumtypenkonzept zum Einsatz, dass auch Vorrang-, Vorbehalts- und Eignungsgebieten besteht. Die Wirkung dieser Raumtypen kann am folgenden Beispiel verdeutlicht werden:

Innerhalb des Gebietsentwicklungsplans Arnsberg, Teilabschnitt Oberbereich Bochum/Hagen (Regionalplan in NRW) werden die folgenden textlichen Zielaussage zum vorsorgenden Hochwasserschutz getroffen:[32]

> „(1) Die natürlichen Überschwemmungsgebiete der Fließgewässer, soweit sie nicht bereits für Siedlungszwecke in Anspruch genommen wurden, sind von Bauvorhaben freizuhalten. Bauliche und andere Veränderungen in diesen Bereichen dürfen zu keinem weiteren Verlust an Retentionsraum führen."

---

[32] Bezirksregierung Arnsberg 2001.

„(2) Bei geplanten Siedlungsflächen in natürlichen Überschwemmungsgebieten, die noch nicht durch verbindliche Bauleitplanung zu Siedlungszwecken in Anspruch genommen wurden, ist der Wiedereingliederung dieser Flächen in den Retentionsraum Vorrang vor anderen Nutzungsansprüchen zu geben."

Diese regionalplanerischen Zielaussagen haben für alle öffentlichen Planungsträger verbindliche Wirkung und sind strikt zu beachten, alle Raumansprüche, die in Konflikt mit der Vorrangnutzung treten können, sind untersagt. Ein wesentlicher Vorteil gegenüber der wasserwirtschaftlichen Unterschutzstellung als Überschwemmungsgebiet nach § 32 Wasserhaushaltsgesetz besteht dabei darin, dass sich Vorranggebiete nicht auf die faktisch bei einem bestimmten Bemessungsereignis überschwemmten Bereiche zu beschränken haben, sondern auch geschützte Flächen hinter Deichen, rückgewinnbare Retentionsräume oder besonders gefährdete Nutzungen hinter Deichen einbeziehen können. Eine schwächere Wirkung geht von den Vorbehaltsgebieten aus, denen in der Abwägung nachgeordneter Planungsträger lediglich ein besonders Gewicht zukommt, in denen aber bei besonderer Begründung noch andere Raumnutzungen zulässig sind.

Insbesondere rückgewinnbare Retentionsräume oder Polderstandorte können auch als Eignungsgebiete festgelegt werden, womit dokumentiert wird, dass sie für eine bestimmte Raumfunktion besonders geeignet sind. Damit eingeschlossen werden kann (muss aber nicht) eine negative Ausschlusswirkung für diese Raumnutzung außerhalb der Eignungsgebiete.

Dieser Ansatz ist zweifellos wirksam und wird von immer mehr Raumordnungsplänen verfolgt. Besonders weit gehende Zielfestlegungen tritt hier der aktuelle Landesentwicklungsplan Sachsen 2003[33], der erstmals tatsächlich verbindliche Aussagen zu deichgeschützten Gebieten und besonders gefährlichen bzw. bei Hochwasser gefährdeten Nutzungen trifft und damit die Entschließung der Ministerkonferenz für Raumordnung vom 15.6.2000 umsetzt.

Aus Sicht eines raumorientierten Risikomanagements greift dieses, objekt- bzw. gefährdungsbezogene Vorgehen, das sich auf singuläre Naturgefahren bezieht, dennoch zu kurz. Angezeigt wäre eine Weiterentwicklung des Raumtypenkonzepts zu einer gefahrenübergreifenden, raumbezogenen Betrachtung. Hierzu wird der folgende Vorschlag unterbreitet, der in Zusammenhang mit der Implementierung eines Risikoinformationssystem steht, wie es zuvor auf Ebene der Europäischen Union vorgestellt worden ist.

- *Risikovorranggebiete:*
  Diese Gebiete weisen eine deutlich erhöhte Gesamtrisikobelastung aus einer Risikoquelle, mit der ein extremes Schadenspotenzial verbunden ist, oder aus multiplen Risikoquellen auf. Zusätzliche Schadenspotenziale oder Vorhaben, die selber mit Risiken für ihre Umgebung verbunden sind, sind unzulässig, es sei denn, es kann ein Ausgleich innerhalb des Gebietes nachgewiesen werden. Risikominderungsmaßnahmen genießen einen generellen Vorrang. Dies folgt der Überlegung, dass bestimmte Teilräume

---

[33] Staatsregierung Sachsen 2003.

entsprechend ihrer Eignung besondere Aufgaben für die Katastrophenvorbeugung zu übernehmen haben. Das sollte einsichtig sein, insbesondere wenn an Aufgaben wie den Küstenschutz oder auch den Hochwasserschutz im Binnenland erinnert wird. Es kommen hier nur ganz bestimmte Räume für Schutzmaßnahmen in Frage.

- *Risikovorbehaltsgebiete:*
  Diese Gebiete weisen eine erhöhte Belastung aus multiplen Risikoquellen auf, die bei Maßnahmen, die zu einer Erhöhung der Risikobelastung beitragen können, besonders zu berücksichtigen ist. Risikominderungsmaßnahmen sind in der Abwägung besonders zu berücksichtigen.

- *Risikoeignungsräume:*
  Diese Gebiete weisen eine deutlich unterdurchschnittliche Gesamtrisikobelastung auf. Ihnen können zukünftig eher zusätzliche Risiken zugemutet werden bzw. sie eignen sich aufgrund ihres Abstandes zu schutzwürdigen Nutzungen und/oder ihrer Unempfindlichkeit gegenüber bestimmten Gefahrenquellen für riskante Vorhaben besonders. Dies entspricht der gängigen Vorgehensweise bei Eignungsgebieten für die Gewinnung oberflächennaher Rohstoffe und Windenergieanlagen. Auch die Standortsuche für Atomanlagen folgte weitgehend diesem Ansatz der standörtlichen Eignung (z.B. Gorleben, Wackersdorf, Ahaus). Eine Ausschlusswirkung für diese Vorgaben an anderer Stelle sollte damit jedoch nicht verbunden werden, da dies die notwendige planerische Flexibilität zu stark einengen würde.

Es ist zu betonen, dass diese drei Raumtypen keineswegs einen gesamten Planungsraum flächendeckend mit Festlegungen überziehen sollten, sondern nur für relativ kleine, spezifisch geprägte Teilräume vorzusehen sind. Die Umsetzbarkeit des Konzeptes sollte in der Pilotregion getestet werden.

2.4.3 Bauliche Vorbeugung (structural mitigation)

Ähnlich wie die Beeinflussung der Eintrittswahrscheinlichkeit ist auch die bauliche Vorbeugung gegenüber Naturgefahren eine fachplanerische Aufgabe (z.B. Deichbau im Rahmen von Planfeststellungsverfahren, Lawinenverbauungen usw.). Im Zusammenhang mit Aufgaben der Raumplanung ist hier in erster Linie die so genannte Bauvorsorge relevant, mit der gefährdete bauliche Strukturen gegen die Einwirkungen von Naturereignissen geschützt werden. Dies betrifft vor allem die Ebene der Baugenehmigung, aber auch die Bebauungsplanung (z.B. Festsetzungen zur Stellung baulicher Anlagen, Schutzabständen usw.).

2.4.4 Vorbereitung, Reaktion, Wiederaufbau (preparedness, response, recovery)

In der Regel spielt Raumplanung keine Rolle beim akuten Katastrophenmanagement. Beim Wiederaufbau kann die Raumplanung aber dazu beitragen, dass besonders gefährdete Bereiche nicht (mehr) bebaut werden. Ein zentrales Problem stellt hier der so genannte Bestandsschutz dar, der aus der Eigentumsgarantie des Art. 14 GG fließt und einen Entschädigungsanspruch auslöst, sollte etwa in einem Bebauungsplan oder auch durch eine fachplanerische Unterschutzstellung die Wiedernutzung eines gefährdeten Areals untersagt werden. Wirksamer dürfte hier die Prämiengestaltung der Gebäudeversicherer sein, die bis hin zur Nicht-Versicherbarkeit in Hochrisikozonen führt. Es ist davon auszugehen, dass ökonomische Lenkungsinstrumente hier der effektivere Weg sind, langfristig die Entsiedelung besonders gefährdeter Bereiche durchzusetzen.

2.5 Handlungs- und Umsetzungsdefizite der Raumplanung

Begrenzte Steuerungswirkung

Es sollte nicht verhehlt werden, dass allen instrumentellen Möglichkeiten, die der Raumplanung zur Verfügung stehen, eine Reihe von Problemen systemimmanent sind. Dies bezieht sich zuvorderst auf die begrenzte Steuerungswirkung hoheitlicher Entscheidungen. Regionalplanung wie Bauleitplanung können nur die zukünftige Raumnutzung beeinflussen, nicht aber Fehlentwicklungen umkehren, die in der Vergangenheit etwa mit der Besiedlung von Hochrisikogebieten eingeleitet worden sind. Zudem werden autonom handelnde Akteure (Haushalte, Unternehmen) nicht oder nur kaum erreicht. Zwar können hoheitlich Duldungs- oder Unterlassungspflichten auferlegt werden, doch ein Verhalten, dass aktiv eine gewünschte Raumentwicklung unterstützt, nicht erzwungen werden.

Eine Lösung kann darin bestehen, im Rahmen kooperativer Prozesse autonome Akteure mit ins Boot zu holen und gemeinsame Ziele zu formulieren, die dann über die Selbstbindung der Beteiligten umgesetzt werden. Dafür sollte das Thema Risikomanagement verstärkt in bestehende regionale Entwicklungskonzepte eingebracht werden, weil hier bereits etablierte und größtenteils funktionierende regionale Kooperationen als Plattform für eine regionale Verständigung im Umgang mit raumrelevanten Risiken genutzt werden können.

Begrenzte Mittelausstattung

Ein anderes Problem bezieht sich darauf, dass gerade die Regionalplanung, die in erster Linie für die Flächenvorsorge Verantwortung trägt, keinen Auftrag für Verteilung investiver Mittel bzw. die Verwirklichung von Maßnahmen hat. Dies obliegt in erster Linie den Fachplanungen. Abhilfe könnte die Vergabe von investiven Geldern an regionale Instanzen bieten.

Damit verbunden wäre eine Bündelung der Fördermittel der Förderinstanzen EU, Bund, Land analog zum Ansatz der regionalisierten Strukturpolitik in Nordrhein-Westfalen. Das Land als Vertragspartner kauft dann von der regional verantwortlichen Instanz für eine bestimmte Summe Leistungen, für die bisher projektbezogene Fördergelder geflossen sind, ohne dass bestimmte Wirkungen garantiert worden wären. Die Laufzeit der Vereinbarung sollte sich an den Fortschreibungsintervallen des Aktionsplanes orientieren. Eine angemessene Periode dürften hier fünf Jahre sein. Für diesen Zeitraum wird ein Globalbudget vereinbart. Die Landesregierung erhält jährlich einen Bericht über die Verwendung der Finanzmittel.

Dies deckt sich mit den aktuellen Überlegungen um die Einrichtung so genannter „Regionalfonds" zur Zusammenführung von Planungs- und Finanzkompetenz. Durch das 2. Modernisierungsgesetz NRW können die neuen Regionalräte

Vorschläge für Förderprogramme und Fördermaßnahmen unterbreiten, wobei Vorschläge aus der Region zu berücksichtigen und zu bewerten sind. Das zuständige fördernde Ministerium kann von den Vorstellungen des Regionalrates abweichen, wenn dies begründet wird (§ 7 Abs. 3 Landesplanungsgesetz). Einen weitergehenden budgetorientierten, ressortübergreifenden Ansatz vorausgesetzt, würde jeder Region (in NRW ist als Empfänger der Regionalrat als Entscheidungsgremium der Regionalplanung vorgesehen) pauschal eine bestimmte Fördersumme zugewiesen, die eigenverantwortlich für regionale Förderprogramme (wie z.B. für ein von der Arbeitsgruppe zu entwickelndes Hochwasserschutzkonzept) verwendet werden können, wobei auch über den Ausgleich von Risiken und Chancen entschieden wird.

Vor dem Hintergrund der Tatsache, dass neben Hochwasser eine Reihe anderer räumlicher Gefahren besteht, erscheint es ratsam, keine gefahrenbezogene Spezialförderung zu betreiben, sondern auf regionaler Ebene einen Fördertopf für Katastrophenvorbeugung einzurichten. Die Förderung von Maßnahmen zum Hochwasserschutz müsste sich dann nach Effizienz- und Effektivitätskriterien mit anderen Maßnahmen aus den Bereichen Erdbeben, Dürre usw. messen lassen, was die Zielerfüllung insgesamt befördern dürfte, weil so eine Konkurrenz entsteht, die einer rationalen Mittelverwendung zuträglich ist.

Die folgende Übersicht soll die Idee dieser Vereinbarung verdeutlichen:

Programmteil	Ziele bis zum Zeitpunkt X	Indikatoren
Reduzierung der Eintrittswahrscheinlichkeit bestimmter Gefährdungen	Erhöhung des Retentionsvolumens des Speichers Gewässer um X m^3	Tatsächlicher Inhalt in m^3
	Reduzierung der Lawinenabgänge um X %	Tatsächliche Reduzierung in Fällen
Minderung des Schadenspotenzials	Risikoverminderung von X Mio. EURO	Jetztwert der Risikoverminderung

Innerhalb der Region müsste eine Einigung für die Verteilung der Finanzmittel erzielt werden, die die unterschiedliche Betroffenheit der Kommunen berücksichtigt.

Selbstverständlich bedürfte es für den Fall von ergebnisorientierten Vereinbarungen Sanktionsmittel für den Fall, dass die vereinbarten Leistungen nicht erbracht werden. In diesem Fall sind Fördermittel zu erstatten.

Trotz alledem bleibt das Problem der hohen Opportunitätskosten, die mit der starken Betroffenheit standörtlich besonders geeigneter Kommunen verbunden sind, ungelöst. Dies gilt insbesondere für Kommunen, die über große Überschwemmungsgebiete verfügen oder Standort von regional bedeutsamen Hochwasserschutzprojekten werden sollen. Hier könnte die Landes- und Regionalplanung tätig werden und ihren Beitrag zu einem intraregionalen Ausgleich leisten, indem sie von Hochwasserschutz besonders betroffene Kommunen z.B. als Standorte für regional bedeutsame Infrastrukturprojekte vorsieht bzw. davon absieht, diese Kommunen als Standorte für schwer vermittelbare Projekte wie Deponien vorzusehen. Auch andere Fachplanungen könnten die besondere Betroffenheit berücksichtigen.

Insgesamt sollten preisliche Anreize mit Sanktionsmitteln kombiniert werden. So wäre es vor dem Hintergrund einer effizienten Mittelverwendung sehr sinnvoll, wenn Fördergelder für investive Maßnahmen für Vorhaben in Hochrisikogebieten nur unter Auflagen zur Verfügung gestellt werden würden (z.B. gegen Nachweis eines Ausgleichs, einer Bauvorsorge, eines Risikomanagementkonzeptes usw.), weil ansonsten für diese Vorhaben wiederum Schutzmaßnahmen finanziert werden müssten. Dies ist auch die Idee, die hinter dem erwähnten EU-ESPON Projekt steht.

Ein Ausgleich von Kosten und Nutzen ist für die Herstellung eines regionalen Konsenses unerlässlich. Über das genaue wie und womit kann an dieser Stelle kein abschließendes Urteil gefällt werden. Es sollte aber deutlich geworden sein, dass es eine Reihe von möglichen Instrumenten gibt, über deren Eignung und die damit verbundenen Folgewirkungen noch weiterer Forschungsbedarf besteht. Letztendlich wird immer eine politische Entscheidung erforderlich sein, die jedoch den Willen zur Lösung des hier aufgezeigten Problems der externen Effekte voraussetzt.

2.6. Resümee

Raumplanung und raumplanerische Instrumente können einen erheblichen Beitrag beim Risikomanagement leisten - insbesondere bei der Information über Risikobelastungen und der Beeinflussung des Schadenpotenzials. Raumplanung hat jedoch nur geringe Einflussmöglichkeiten auf die driving forces von Katastrophen. Raumplanung ist zudem wenig umsetzungsorientiert und verfügt über keine investiven Mittel. Raumplanung kann auf bestehende Raumnutzungen keinen Einfluss nehmen. Wesentliche Entscheidungen und deren Umsetzung vollziehen sich innerhalb der Fachplanungen. Hier wurden Ansätze aufgezeigt, wie die damit verbundenen Handlungs- und Umsetzungsdefizite zumindest im Ansatz überwunden werden könnten.

Literatur

BACHFISCHER, R. (1978): Die ökologische Risikoanalyse. München.

BECHMANN, G. (Hrsg.) (1993): Risiko und Gesellschaft – Grundlagen und Ergebnisse interdisziplinärer Risikoforschung. Opladen.

BECK, U. (1986): Risikogesellschaft – Auf dem Weg in eine andere Moderne. Frankfurt a. M.

BEZIRKSREGIERUNG ARNSBERG (Hrsg.) (2001): Gebietsentwicklungsplan Teilabschnitt Oberbereiche Bochum / Hagen, Arnsberg.

BUNDESAMT FÜR BAUWESEN UND RAUMORDNUNG (BBR) (Hrsg.) (2000): Raumordnungsbericht 2000. Bonn.

BURBY, R. J. (Ed.) (1998): Cooperating with Nature – Confronting Natural Hazards with Land-Use Planning for Sustainable Communities. Washington D. C.

EGLI, T. (1996): Hochwasserschutz und Raumplanung – Schutz vor Naturgefahren mit Instrumenten der Raumplanung – dargestellt am Beispiel von Hochwasser und Murgängen. Institut für Orts-, Regional- und Landesplanung. Berichte 100/1996. Vdf Hochschulverlag. Zürich.

ERICHSEN, H.-U. (Hrsg.) (1998): Allgemeines Verwaltungsrecht. 11. Auflage. Berlin.

EUROPEAN ENVIRONMENT AGENCY (Ed.) (1999): Environmental indicators: Typology and Overview. Technical Report no. 25. Kopenhagen.

FEDERAL EMERGENCY MANAGEMENT AGENCY (FEMA) (Ed.) (1997): Strategic Plan – Partnership for a Safer Future. Washington D. C.

FEDERAL EMERGENCY MANAGEMENT AGENCY (FEMA) (Ed.) (2000): HAZUS – Estimated Annualized Earthquake Losses for the United States. Washington D. C.

FLEISCHHAUER, M. (2003): Klimawandel, Naturgefahren und Raumplanung. Ziel- und Indikatorenkonzept zur Operationalisierung räumlicher Risiken aus klimarelevanten Naturgefahren als Beitrag zu einer nachhaltigen Entwicklung. Dortmund.

GEOLOGICAL SURVEY OF FINLAND (Ed.) (2003): ESPON HAZARDS. The spatial effects and management of natural and technological hazards in general and in relation to climate change. European Spatial Planning Observation Network. Project 1.3.1. 1st INTERIM REPORT. March 2003.

GODSCHALK, D. R. ET AL. (1999): Natural Hazard Mitigation – Recasting Disaster Policy and Planning. Washington D. C.

GREIVING, S. (2002): Räumliche Planung und Risiko. München.

HILLER, P. (1993): Der Zeitkonflikt in der Risikogesellschaft – Risiko und Zeitorientierung in rechtsförmigen Verwaltungsentscheidungen. Berlin.

HOLLENSTEIN, K. (1997): Analyse, Bewertung und Management von Naturrisiken; vdf Hochschulverlag. Zürich.

LASS, W. / REUSSWIG, F. / KÜHN, K.-D. (1998): Katastrophenanfälligkeit und „Nachhaltige Entwicklung" – Ein Indikatorensystem für Deutschland – Pilotstudie. Deutsche IDNDR-Reihe 14. Bonn. Dezember 1998.

LUHMANN, N. (1990): Risiko und Gefahr. Hochschule St. Gallen. Aulavorträge 48. St. Gallen.

RENN, O. ET AL. (1998): Abfallpolitik im kooperativen Diskurs. v/d/f Hochschulverlag. Zürich.

SCHOLLES (1997): Abschätzen, Einschätzen und Bewerten in der UVP. Weiterentwicklung der ökologischen Risikoanalyse vor dem Hintergrund der neuern Rechtslage und des Einsatzes rechnergestützter Werkzeuge. Dortmund.

SIMONI, R. (1995): Einbezug von Störfallrisiken technischer Anlagen in die Raumplanung. v/d/f Hochschulverlag. Zürich.

STAATSREGIERUNG SACHSEN (2003): Landesentwicklungsplan Sachsen 2003. Entwurf. Dresden.

WISSENSCHAFTLICHER BEIRAT DER BUNDESREGIERUNG GLOBALE UMWELTVERÄNDERUNGEN (WBGU): Jahresgutachten 1998 „Welt im Wandel – Strategien zur Bewältigung globaler Umweltrisiken". Berlin.

Thomas Weith

3 Der Beitrag des Garbage Can Modells zum Hochwasserschutz – Eine theoretisch-konzeptionelle Skizze

Zusammenfassung:

Auch extreme Hochwasserereignisse wie die der letzten Jahre in Deutschland führen kaum zu einer Veränderung räumlicher Nutzungsstrukturen. Eine Möglichkeit, die Ursachen dieses Phänomens besser zu verstehen und entsprechende Schlussfolgerungen für Veränderungen abzuleiten, eröffnet sich durch die Betrachtung der Entscheidungssituation während und unmittelbar nach der Katastrophe. Wird diese als „organisierte Anarchie" gesehen und das Garbage Can Modell als Entscheidungsmuster angenommen, sind bislang vorherrschende Sicht- und Vorgehensweisen zu modifizieren.

Extreme Hochwasserereignisse bewirken – wie viele andere Katastrophen – eine große Aufmerksamkeit und breite Resonanz in Gesellschaft, Politik und Medien. Von vielen politisch Verantwortlichen werden in derartigen Situationen immer wieder auch Forderungen zum Rückbau von kanalisierten Flussabschnitten oder zu einer umfassenden Veränderung der Flächennutzungsstruktur aufgestellt (vgl. exemplarisch: Die Bundesregierung 2002). Schon wenige Wochen später zeigt sich jedoch vielmals ein anderes Bild. Die Forderungen zentraler Akteure nach radikalen Umgestaltungen sind verstummt und Prozesse zur Veränderung der Nutzungsstrukturen nicht eingeleitet. Oftmals werden die vor dem Hochwasserereignis existierenden baulich-physischen Gegebenheiten ohne Veränderung wiederhergestellt bzw. nur leicht modifiziert erneuert. Allein die an den Häusern angebrachten Tafeln zum einst „extremen" Hochwasserstand bezeugen noch die ehemalige „Ausnahmesituation".

Für ein besseres Verständnis der Ursachen dieses vermeintlichen „Gesinnungswandels" bzw. der Persistenz von Handlungsmustern und Einstellungen können verschiedene Gegenstandsbereiche näher betrachtet werden.[34] Im Folgenden soll durch die theoretische Auseinandersetzung mit dem Teilaspekt der Entscheidungssituation und deren Struktur während sowie kurz nach der Katastrophe die Frage nach den Ursachen für das Ausbleiben radikaler Veränderungen in der Flächennutzungs- bzw. Siedlungsstruktur nach extremen Hochwasserereignissen näher beleuchtet werden.[35]

---

[34] Struktureller Kontext, situativer Kontext; methodisch v.a. empirisch-induktiv mit qualitativer oder quantitativer Schwerpunktsetzung oder theoretisch-deduktiv mit anschließender Falsifikation.
[35] Die Ausführungen beschränken sich gezielt auf diesen Gesichtspunkt. Die getroffenen Aussagen sind zukünftig durch weitere Arbeiten auf ihre Falsifizierbarkeit und Veränderungsnotwendigkeit hin zu überprüfen.

Im Bereich der Flächennutzungssteuerung, insbesondere der Raum- und Umweltplanung, der raumbezogenen Fachplanungen sowie der Agenda-Prozesse wird in der Regel als zentrales erklärendes wie handlungsleitendes Denkschema das klassische, durch „rational choice" geprägte Modell der Entscheidungsfindung genutzt. Allgemein dargestellt enthält es folgende, in Abbildung 1 dargestellte Komponenten:

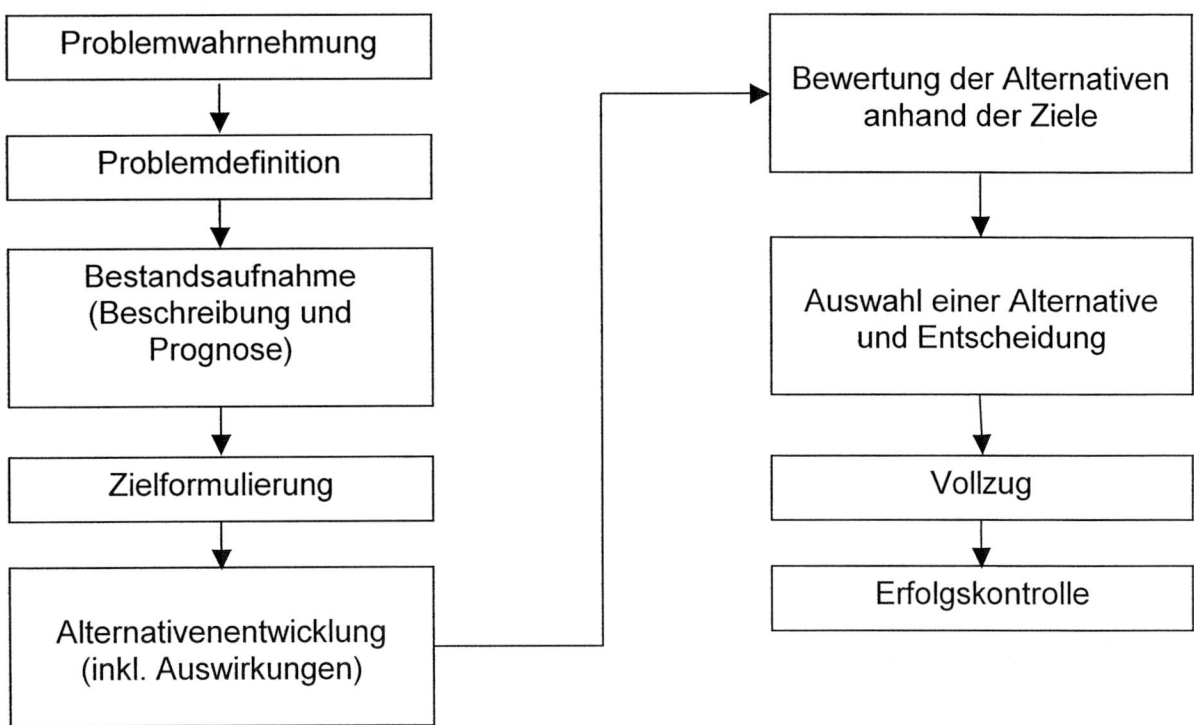

Abb. 1: **Formal-logisches Phasenschema des Planungsprozesses (Modell nach Fürst 2001, 26)**

Dieses modellhafte Muster für Vorgehensweisen liegt auch vielen Vorschlägen zum Hochwasserschutz und zur Hochwasservorsorge zu Grunde (vgl. z.B. IÖR 2002, BBR 2002).

In der umweltpolitischen Diskussion wird beim Blick auf raum- und umweltbezogene Veränderungsprozesse als Analyseraster auch das Politikzyklusmodell eingesetzt (vgl. z.B. Jänicke et al. 2000,17). Verallgemeinernd wird dabei verwiesen auf einen auf zyklischen Aushandlungsprozessen basierenden, immer wieder durch Rückkopplungen veränderten Ablauf politischer Entscheidungen, der jedoch auch gewissen rationalen Ablauflogiken entspricht. Folgende Abbildung zeigt das Schema anschaulich:

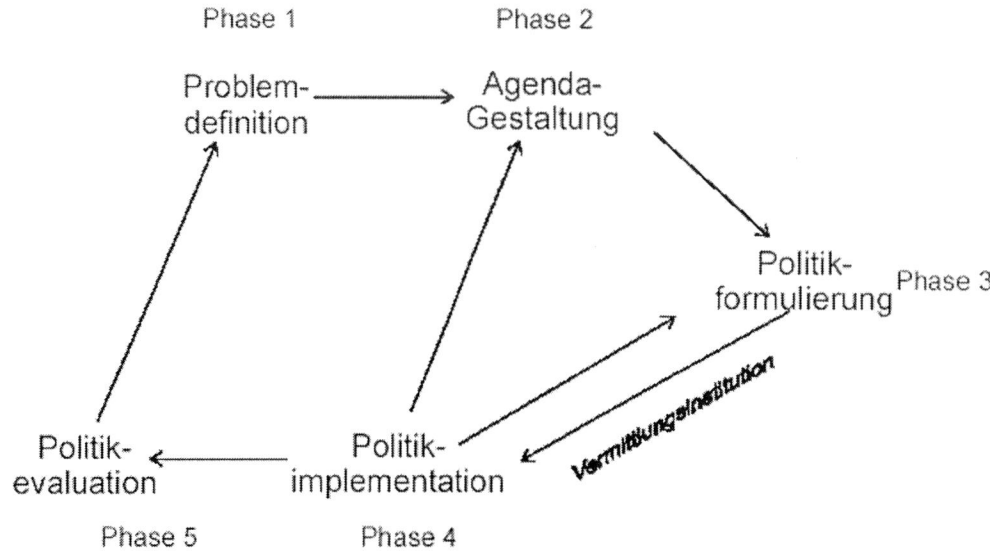

Abb. 2: Politikzyklusmodell (Czada 1997)

Entscheidungssituationen und -strukturen nach Katastrophensituationen – so die hier formulierte These – unterscheiden sich jedoch erheblich von den beiden oben skizzierten Modellen und lassen grundsätzliche Voraussetzungen für deren Nutzung, wie z.B. hoher Informationsstand für alle Beteiligten, Transparenz des Verfahrens oder klare Ablaufregularien, fraglich erscheinen. Während und kurz nach einem extremen Hochwasserereignis werden oftmals lediglich sehr plakative, allgemeine Zielvorstellungen artikuliert, die sich teilweise widersprechen und in Konkurrenz zueinander stehen.[36] Die politisch-ökonomischen Folgewirkungen sowohl des Ereignisses als auch der geforderten Veränderungen liegen im Unklaren.[37] Durch die Komplexität der Situation sind bzw. werden akteurs- und zeitbezogen hochdifferenzierte Beteiligungs- und Abstimmungsmuster notwendig, die praktisch kaum handhabbar erscheinen.

Eine solche Entscheidungssituation entspricht in wesentlichen Teilen der bei Cohen et al. (1972) beschriebenen „organized anarchy". Der von den genannten Autoren entwickelte Modellrahmen ist das „Garbage Can Modell"[38] (GCM). Dieses geht auf Forschungsarbeiten zu verhaltenswissenschaftlichen Entscheidungstheorien zurück und bezieht sich explizit auf Entscheidungs- und Lernprozesse unter „Unklarheit" und somit auf „organisierte Anarchien". Abbildung 3 illustriert die Modellinhalte und -aussagen, die im Folgenden näher erläutert werden:

---

[36] „Keinem soll es schlechter gehen als vorher" versus umfassenden Renaturierungsbestrebungen, die nur durch Umsiedlungen erreichbar wären.
[37] Insbesondere sind keine Routinehandlungen problemlos einsetzbar.
[38] deutsch: Mülleimer-Modell

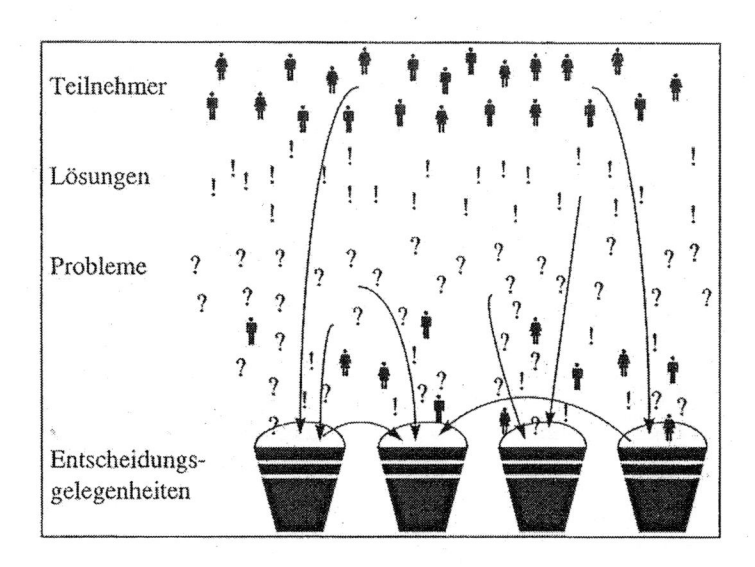

Abb. 3: **Das Garbage Can Modell (Kieser 2001, 150)**

Für die Entscheidungssituation sind aus Modellsicht folgende, in der obigen Abbildung dargestellte Elemente prägend:
- *Probleme:*
  diese werden von verschiedenen Personen artikuliert bzw. vorgetragen und „suchen" nach einer Entscheidungsgelegenheit.[39]
- *Lösungen*:
  Personen haben „Lösungen parat" und halten nach passenden Problemen Ausschau.
- *Teilnehmer* (des Entscheidungsprozesses):
  sie halten nach möglichen Zuständigkeiten sowie nach Entscheidungen Ausschau, an denen sie mitwirken können;
- *Entscheidungsgelegenheiten*:
  dies sind Anlässe, zu denen Veränderungen erwartet werden bzw. über die entschieden werden muss.

Aus modelltheoretischer Sicht kommt es dann und nur dann zu einer Entscheidung, wenn sich alle vier Elemente als „Ströme" eher zufällig kurzzeitig bündeln (‚window'). Gelingt dies nicht, ruht der Inhalt in der Mülltonne.
Als mögliche Entscheidungsstile werden dabei Übersehen, Flucht oder die Lösung von ganz bestimmten Problemen angesehen.

Vor der Skizzierung möglicher, theoriebasierter Schlussfolgerungen aus der Nutzung des o.g. Modellrahmens sind mögliche Einwände hinsichtlich der grundsätzlichen Anwendbarkeit des GCM zu prüfen. Zum einen kann in diesem Zusammenhang vorgebracht werden, dass das GCM lediglich *inner*organisatorisches Handeln korrekt abbildet und somit nicht auf *inter*organisatorisches Handeln übertragen werden kann. Dem ist zu entgegnen, dass das GCM als ein generelles Modell für Entscheidungssituationen gilt (Peters 2002, 7), das bei der Betrachtung

---

[39] Sie müssen sich nicht alle direkt auf die Hochwassersituation beziehen.

interorganisatorischen Handelns lediglich durch einige Aspekte, wie z.B. der Beachtung von Kooperationsgewinnen, zu ergänzen ist.

Zum anderen kann in Frage gestellt werden, ob die betrachtete Entscheidungssituation überhaupt als „organized anarchy" zu bezeichnen ist. Da allgemein alle Restrukturierungsprozesse als „organisierte Anarchien" angesehen werden können (Kieser 2001, 149), ist auch diesem Einwand begegnet. Somit sind zumindest aus theoretischer Sicht wesentliche Bedingungen für die Nutzbarkeit des GCM erfüllt.[40]

Wird nun angenommen, dass das GCM einen sinnvoll nutzbaren Erklärungsansatz für die (unmittelbare) Entscheidungsfindung und -umsetzung nach Katastrophenereignissen darstellt, können aus theoretischer Perspektive erste Schlussfolgerungen für zukünftig erfolgreiches Agieren von Akteuren[41] abgeleitet werden.

Durch Cohen und March (1974) selbst wurden bereits erste Schlussfolgerungen formuliert. Sie können stichpunktartig wie folgt verstanden werden:[42]

- „Investiere Zeit":
  Ressourcenverfügbarkeit soll als Vorteil – vor allem vor dem Katastrophenereignis – genutzt werden;
- „Harre aus":
  Aktivitäten sollen auch bei Misserfolg fortgesetzt werden;
- „Tausche Status gegen Substanz":
  Symbolische Ergebnisse für andere Teilnehmer sind im Wechsel gegen inhaltliche Ergebnisse zuzulassen;
- „Ermögliche die Teilnahme der Gegner":
  die Einbeziehung von Akteuren erhöht die Anzahl von Entscheidungsoptionen und ist zielgerichtet auch als Argument einzusetzen;
- „Überlade das System":
  je mehr entscheidungsrelevanter Input erfolgt, desto eher entsteht ein erfolgreiches Teilergebnis;
- „Stelle Mülleimer bereit":
  Potentiell irrelevanten Probleme sollen, wenn möglich gezielt, in unverfängliche Entscheidungssituationen abgeschoben werden;
- „Manage unauffällig":
  kleine, aber wirkungsvolle Eingriffe sind zu realisieren;
- „Interpretiere die Geschichte":
  ein eigenständiger Verlauf der Dinge wird jeweils aus Sicht des Akteurs entworfen;
- Setze Leitbilder und Visionen als Koordinationsinstrumente ein.

---

[40] Zur Notwendigkeit der empirischen Überprüfbarkeit und weiteren theoretischen Auseinandersetzung siehe oben.
[41] im Sinne der Einleitung von Veränderungsprozessen beim Hochwasserschutz und der -vorsorge
[42] Die in Anführungszeichen stehenden Ausdrücke gehen direkt auf die Ausführungen von Cohen und March (1974) zurück.

Eine anzustrebende „Systemüberladung" kann zum Beispiel durch die Forderung nach einem umfassenden, regional ausgerichteten Flächenmanagement (RFM) erfolgen. Die folgende Abbildung zeigt die möglichen Bausteine eines solchen RFM. Dieses Gesamtkonzept ist jedoch inhaltlich so umfangreich, dass jeweils immer nur eine Teilrealisierung möglich (und auch sinnvoll) erscheint. Da in der Entscheidungssituation zu erwarten ist, dass lediglich nur Teilaspekte Berücksichtigung finden werden, wird auf diese Weise zumindest der Einstieg in den Prozess eines regionalen Flächenmanagements begonnen.

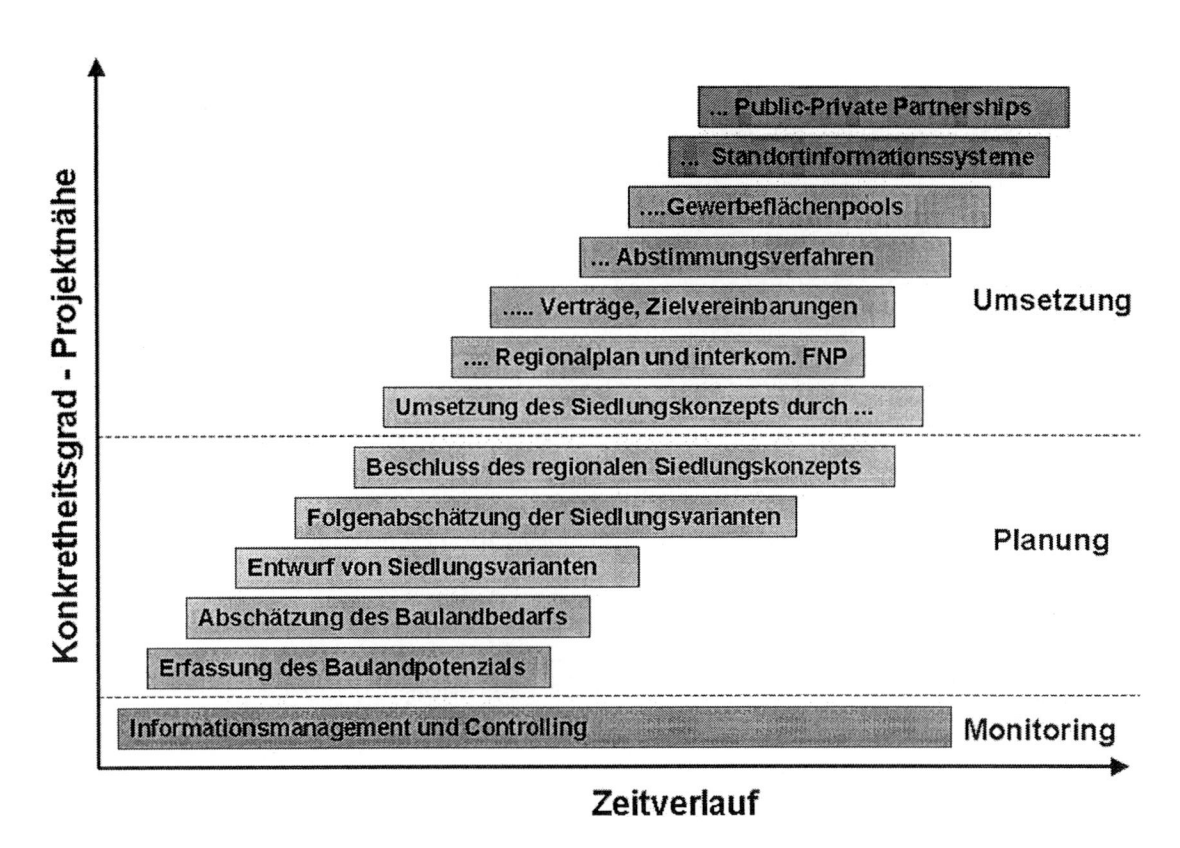

Abb. 4: Modell des regionalen Flächenmanagements (IÖR/IRS 2002, 22)

Über die formulierten direkten Schlussfolgerungen hinaus können noch weitere Punkte angeführt werden, die sich aus der Logik des GCM in der Anwendung auf Entscheidungssituationen nach Hochwasserkatastrophen ergeben. Besondere Bedeutung kommt hierbei einer grundsätzlichen Akzeptanz der begrenzten Rationalität von Reorganisationsprozessen sowie der Offenheit für neue Lösungen zu. Nur so ist es für Akteure möglich, sich aktiv der ‚Logik' solcher Prozesse zu bedienen und sie nicht nur als „Störung" planvoll ablaufender Entscheidungen anzusehen.

Wesentlich für die Einleitung von Veränderungen im Katastrophenfall sind in diesem Kontext ex-ante-Überlegungen zu „Richtungsveränderungen". Dies bedeutet Vorab-Investitionen in Zeit für die Herstellung von Systemüberladungen, die Ausarbeitung von Leitbildern und Visionen und die Formulierung von Varianten (Deichrückbau, Polder, Entschädigung bei Überschwemmungen etc.) unter Einbeziehung verschiedener Akteure. Zufälligkeiten, die Ermöglichung der Teilnahme vieler „Gegner" sowie das Bereitstellen von Mülleimern lässt dabei Vorarbeiten in mehreren Handlungsfeldern (Hochwasserschutz, Naturschutz, Kulturlandschaftsentwicklung, Infrastruktur) sinnvoll erscheinen. Dies macht zugleich das Agieren auf verschiedenen räumlichen Ebenen (EU, Bund, Land, Region und Kommune) notwendig.[43]

Das kontinuierliche Auseinandersetzen (Stichwort Systemüberladung) und die eigene Interpretation von Ereignissen und Veränderungen lässt ein stetiges Thematisieren der Hochwasserproblematik als sinnvoll erscheinen. Zentrale Probleme wären hierbei immer wieder zu artikulieren, um das Thema Hochwasserschutz und -vorsorge präsent zu halten.

Von Bedeutung sind zudem drei weitere Punkte. Zum ersten kommen dem frühzeitigen Ausloten von Hindernissen für Veränderungen (z.B. Ressourcenknappheit, spezifische Akteurskonstellationen) im Katastrophenfall sowie dem Eruieren von Möglichkeiten zur Hindernisbeseitigung wichtige Rollen zu. Dies steht in enger Verbindung mit dem bereits genannten Punkt der frühzeitigen Klärung von Vorgehensweisen im Katastrophenfall.

In enger Verknüpfung hierzu steht zweitens die Vorbereitung von „Trumpfkarten" für mögliche Blockierer von Veränderungen. Besteht die Möglichkeit, zentralen Schlüsselakteuren (z.B. Grundstückseigentümern, Baubetrieben) kurzfristig in großer Vielfalt klare Nutzenangebote bei veränderten Vorgehensweisen zu unterbreiten, sind bei stark verkürzten Entscheidungszeiten Handlungsmodifikationen wahrscheinlich. Für die beteiligten Akteure wird zugleich eine positive Interpretation der Veränderungen des Status-Quo möglich (s.o.).

Dabei sollten drittens „zufällig" zu Stande gekomme, jedoch von einer Vielzahl der Akteure mitgetragene Second-Best-Lösungen (z.B. bei der Lage von Überschwemmungsgebieten) akzeptiert werden.[44]

Vor dem Hintergrund der ausgeführten Schlussfolgerungen muss zugleich auch die in Wissenschaft und Praxis bestehende Sichtweise, dass Maßnahmen des Hochwasserschutzes oder der Katastrophenvorsorge allgemein nicht von Aktionismus geprägt sein sollten (vgl. z.B. WE-BB 2002), in Frage gestellt werden. Wird die relativ kurze Zeitspanne der organized anarchy nicht im o.g. Sinne genutzt, besteht die Gefahr des „Weiter so" aufgrund des Fehlens von Triebkräften für institutionelle wie real-physische Veränderungen.

Soll jedoch zumindest nach dem Katastrophenereignis ein stärkeres Maß an konzeptioneller Ausrichtung politisch-administrativen Handelns erfolgen, bietet sich die Nutzung der Strategie des „perspektivischen Inkrementalismus" an (zum Begriff vgl. Sieverts/Ganser 1993).[45] Dabei werden einzelne realisierbare Projektbausteine über ein gemeinsames visionäres Leitbild miteinander verknüpft und so

---

[43] Als beispielgebend kann die Vorbereitung der Medien auf den Tod berühmter Persönlichkeiten angesehen werden. Dazu werden zu Lebzeiten der Personen bereits umfangreiche Dokumentationen angelegt, die beim Bekanntwerden eines Todesfalles sofort genutzt werden.
[44] begrenzte Rationalität; s.o.
[45] Zu rein inkrementalistische Projektrealisierungen (zum Begriff vgl. Baybrooke / Lindblom 1963) bestehen inzwischen vielfach negative Erfahrungen (vgl. z.B. Huttenloher 2001).

zu einem Gesamtbild „Hochwasservorsorge" zusammengestellt. Praktische Beispiele hierfür bieten – in einem anderen Kontext – die erfolgreichen Vorgehensweisen der Internationalen Bauausstellung Emscher Park oder der Internationalen Bauausstellung Fürst-Pückler-Land (Lausitz). Dabei besteht zugleich die Möglichkeit, Verknüpfungen zur formalen Regionalplanung sowie zur Regionalpolitik herzustellen.

Literatur

BAYBROOKE, D. / LINDBLOM, C. E. (1963): Zur Strategie der unkoordinierten kleinen Schritte. In: FEHL, G. / FESTER, M. / KUHNERT, N. (Hrsg.) (1972): Planung und Information. Gütersloh. S. 139-166.

BBR BUNDESAMT FÜR BAUWESEN UND RAUMORDNUNG (2002): Positionspapier „Handlungsschwerpunkte von Raumordnung und Städtebau zur langfristigen vorbeugenden Hochwasservorsorge. Bonn, 13.9.2002.

COHEN, M. D. / MARCH, J. G. (1974): Leadership and Ambiguity: The American College President. New York.

COHEN, M. D. / MARCH, J. G. / OLSEN, J. P. (1972): A Garbage Can Model of Organisational Choice. In: Administrative Science Quarterly Vol. 17, Nr. 1, pp. 1-25.

CZADA, R. (1997): Neuere Entwicklungen der Politikfeldanalyse. Vortrag auf dem Schweizerischen Politologentag. Balsthal. 14.11.1997.

DIE BUNDESREGIERUNG (2002): 5-Punkte-Programm der Bundesregierung: Arbeitsschritte zur Verbesserung des vorbeugenden Hochwasserschutzes. Berlin.

FÜRST, D. (2001): Planung als politischer Prozess. In: FÜRST, D. / SCHOLLES, F.: Handbuch Theorien + Methoden der Raum- und Umweltplanung. Dortmund. S. 25-36.

HUTTENLOHER, C. (2001): INTERREG Rhein-Maas Aktivitäten. In: Raumforschung und Raumordnung 5-6/2001. S. 359-369.

IÖR INSTITUT FÜR ÖKOLOGISCHE RAUMENTWICKLUNG (2002): 7-Punkte-Programm zum Hochwasserschutz im Einzugsgebiet der Elbe. Dresden. 19.8.2002.

IÖR INSTITUT FÜR ÖKOLOGISCHE RAUMENTWICKLUNG / IRS INSTITUT FÜR REGIONALENTWICKLUNG UND STRUKTURPLANUNG (2002): Regionales Flächenmanagement – Ansatzpunkte für eine ressourcenschonende Siedlungsflächenentwicklung. Abschlußbericht. Dresden / Erkner.

JÄNICKE, M. / KUNIG, P. / STITZEL, M. (1999): Umweltpolitik. Bonn.

KIESER, A. (2001): Organisationstheorien. Stuttgart.

PETERS, B. G. (2002): Governance: A Garbage Can Perspective. Hrsg.: Institut für Höhere Studien. Wien.

SIEVERTS, T. / GANSER, K. (1993): Vom Aufbaustab Speer bis zur IBA Emscher Park und darüber hinaus – Planungskulturen in der Bundesrepublik Deutschland. In: DISP, 29. Jg. Heft 115. S. 31-37.

WE-BB WATER EXPERTS BERLIN-BRANDENBURG E.V. (2002): Nach dem Elbehochwasser 2002. Thesen und Vorschläge. Berlin. Download.

Rudolf Scharl

4 Die Berücksichtigung von Naturgefahren in der Raumordnung Bayerns

Zusammenfassung:

Die Raumordnung leistet einen hohen Beitrag zur Gefahrenminderung bei Naturereignissen indem sie der Fachplanung ihr Instrumentarium zur Verfügung stellt. Die Akzeptanz ihrer Problemlösungen bei Politik und Bevölkerung wird erheblich von Katastrophen beeinflusst. Diese Fenster gilt es im Interesse der Katastrophenvorsorge zu nutzen.

Als das Hochwasser im August 2002 an Elbe und Donau weite Teile der Flusstäler überflutete, sprach Umweltminister Trittin vor dem Bundestag vom Jahrtausendhochwasser. Ob dies stimmt, sei dahingestellt. Auch im Mittelalter gab es enorme Hochwasserereignisse. Aber erst der erhebliche Schadensumfang macht das Ereignis zur Katastrophe, mit der die öffentliche Wahrnehmung aufgerüttelt und politische Ziele zur Katastrophenvorsorge unterstützt werden können.

Wenn man sie mit dem Thema Klimaänderung verbindet, können die Ereignisse noch apokalyptischer dargestellt werden. Dass sich extreme Naturkatastrophen damit verbinden lassen, dafür spricht ihre Häufung in den letzten 10 Jahren. Zu nennen sind die Hochwasserereignisse an der Oder 1997, das Pfingsthochwasser an der Donau 1999 und die weiteren Überschwemmungen zuletzt im Jahr 2002 aber auch die Lawinenkatastrophe von 1998/1999. Bergrutsche ereignen sich immer wieder. Der bekannteste war der Bergrutsch im Veltlin 1987. Die Wiederholung von solchen Ereignisse in kurzen Abständen wird gerade mit den umfassenden globalen Klimamodellen vorhergesagt.

Mit Katastrophen öffnet sich bei Politik und Bevölkerung zeitlich begrenzt ein Fenster, in dem das Bewusstsein geschärft und die Bereitschaft zu Problemlösungen eher als sonst zu erreichen ist. Diese Fenster gilt es zu nutzen.

Bayern tut dies. In der strategischen Planung des Bayerischen Staatsministeriums für Landesentwicklung und Umweltfragen stehen Klimaschutz, Hochwasservorsorge als politische Schwerpunkte an vorderster Stelle.

4.1 Aufgabe der Fachbehörden

Die Lösung der anstehenden Probleme ist in erster Linie Aufgabe der Fachbereiche, die einer weiteren Klimaerwärmung entgegentreten und für die Folgen der Klimaveränderungen und der daraus abgeleiteten Naturkatastrophen Vorsorge treffen können. Auch die Raumordnung kann ihr Instrumentarium einbringen, denn Naturereignisse spielen sich im Raum ab, sind damit raumrelevant und wegen ihrer meist überörtlichen Bedeutung einer raumordnerischen Regelung zugänglich. In Deutschland ist die Raumordnung auf die überörtliche Raumbedeutsamkeit beschränkt, d.h. die Bauleitplanung zählt in Deutschland nicht zur Raumordnung.

4.2   Planrechtfertigung

Vor dem Tätigwerden der Raumordnung ist zu aller erst die Frage der Erforderlichkeit und der Rechtfertigung für Festlegungen der Raumordnungen zu klären. Bei der Katastrophenvorsorge beantwortet sich die Frage der Erforderlichkeit von selbst. Die Planrechtfertigung kann abgeleitet werden aus dem § 1 des ROG, wonach unterschiedliche Anforderungen an den Raum aufeinander abzustimmen und die auf der jeweiligen Planungsebene auftretenden Konflikte auszugleichen und Vorsorge für einzelne Raumfunktionen und Raumnutzungen zu treffen sind.

Eine weitere Verdeutlichung der Planrechtfertigung ergibt sich aus dem Raumordnungsgrundsatz in § 2 Abs. 2 Ziff. 8 des ROG, wonach gefordert wird, für den vorbeugenden Hochwasserschutz durch Sicherung und Rückgewinnung von Auen, Rückhaltsflächen und überschwemmungsgefährdeten Bereichen zu sorgen.

In einem nächsten Schritt ist das Verhältnis zwischen Fachplanung und Raumordnung zu beachten. Die Schnittstelle zwischen Fachplanung und Raumordnung ist dort angesiedelt, wo die langfristige Vorsorge vor Naturgefahren Querschnittsbezug erreicht und die Raumordnung mit ihrem Instrumentarium die Fachpolitiken ergänzen und unterstützen kann. D.h. die Raumordnung ersetzt also nicht die Fachplanung oder formuliert eigenständig fachliche Belange. Sie hat vielmehr die fachlichen Belange zu ermitteln und als vorgegeben hinzunehmen. Dies setzt ein entsprechendes Tätigwerden der Fachbehörden voraus.

Nicht zuletzt auf Grund der aktuellen Naturkatastrophen ist in den vergangenen Jahren bei den Fachbehörden die Erkenntnis gewachsen, dass eine Steuerung durch die Raumordnung auch fachlich sehr hilfreich sein kann. So hat z.B. die Wasserwirtschaft im Juli 1999 eine Handlungsanleitung für die Erstellung von Fachbeiträgen zum Hochwasserschutz in der Regionalplanung herausgegeben.

Entsprechend ist auch in der Raumordnung die Bedeutung dieses Aufgabenfeldes gestiegen. Dies zeigt sich z.B. deutlich in der schnellen Abfolge der Entschließungen der Ministerkonferenz für Raumordnung zum vorbeugenden Hochwasserschutz in der Raumordnung in den Jahren 1995, 1996 und 2000.

4.3   Was kann die Raumordnung überhaupt leisten?

In den Programmen und Plänen der Raumordnung (LEP, Regionalpläne) werden Ziele aufgestellt, die in der Regel eine strikte Beachtenspflicht für alle öffentlichen Stellen z.B. bei Zulassungsentscheidungen oder in bauaufsichtlichen Zustimmungsverfahren auslösen. So ist z.B. ausgehend von der Klimaschutzdiskussion im derzeitigen Verfahren zur Aufstellung des Landesentwicklungsprogramms, das voraussichtlich am 1.4.2003 in Kraft tritt, ein Abschnitt Klimaschutz und Luftreinhaltung aufgenommen worden. Zusätzlich sind in den übrigen Fachkapiteln des Landesentwicklungsprogramms, Aussagen zum sparsamen Umgang mit Energie, zur Stromerzeugung aus erneuerbaren Energien, zum Abbau verkehrsbedingter CO_2-Emissionen, zur Priorität des öffentlichen Personennahverkehrs, zur Erhaltung großer Waldgebiete und zum Schutz des Bergwalds enthalten.

Das wirkungsvollste Instrumentarium stellt die Raumordnung mit den Zielen des Landesentwicklungsprogramms bzw. der Regionalplanung zur Flächenvorsorge zur Verfügung. Mit der Sicherung von Flächen sollen Räume von Besiedlung und Infrastruktur freigehalten werden, um den Wasserrückhalt bei Hochwasser zu gewährleisten und das Gefahrenpotential so gering wie möglich zu halten.

4.4 Flächensicherung Hochwasserschutz

So enthält das neue Landesentwicklungsprogramm Bayern den Auftrag an die Regionalplanung, Vorranggebiete Hochwasserschutz auszuweisen. Diese Vorranggebiete sollen als Retentionsräume oder Polder zur Verfügung stehen und damit den Wasserrückhalt verbessern. Alle Nutzungen, die nicht mit der Hochwasservorsorge vereinbar sind, sind in diesen Gebieten ausgeschlossen, z.B. Besiedlung oder Verkehrsdämme. Die Ausweisung erfolgt auf der Grundlage eines entsprechenden Fachbeitrags mit den Vorschlägen der Wasserwirtschaft. In 2 Regionen der insgesamt 18 bayerischen Regionen liegen entsprechende verbindliche Fachkapitel vor, in den übrigen Regionen ist die Erstellung der Fachbeiträge bzw. der Regionalplanentwürfe derzeit im Gang. Die Vorranggebiete werden kartographisch im Maßstab 1:100 000 dargestellt.

Die Ausweisung von Vorranggebieten Hochwasser dient in erster Linie den Unterliegern am Flusslauf und kann dann zum Problem werden, wenn der Oberlieger eine Einschränkung seiner Planungshoheit für etwas hinnehmen muss, das vermeintlich nur dem Unterlieger nützt. Für eine kommunal verfasste Regionalplanung wie sie in Bayern installiert ist, kann dabei durchaus das Problem auftreten, dass der Regionale Planungsverband, der einen Ermessensspielraum bei der Aufstellung seiner Ziele hat, vom fachlich optimalen Konzept abweicht. In solchen Fällen ist es wichtig durch die Fachbehörde aufzuzeigen, dass alle ihren Beitrag leisten müssen, um im gesamten Flussgebiet wirkungsvollen Hochwasserschutz zu erreichen. Hochwasserkatastrophen liefern dabei gute Argumente für die Bereitschaft Vorranggebiete Hochwasser auszuweisen.

Von Landwirten wird oftmals gefordert, für die Ausweisung ihrer Grundstücke als Vorranggebiet Hochwasserschutz entschädigt zu werden. Landwirte zählen aber regelmäßig nicht zum Adressatenkreis der Ziele der Raumordnung. Die Vorranggebiete Hochwasserschutz hindern nicht die Ausübung der bäuerlichen Landwirtschaft. Für Ausgleichs- und Ersatzzahlungen an Landwirte besteht somit keine Grundlage. Sofern innerhalb von Vorranggebieten wasserwirtschaftliche Maßnahmen, z.B. Festsetzungen von Überschwemmungsgebieten mit Bewirtschaftungsauflagen, Polder, Rückverlegung von Deichen usw. durchgeführt werden, ist die Frage von Ausgleichs- und Ersatzzahlungen durch die Wasserwirtschaft zu beantworten. Auch die Senkung von Beleihungsgrenzen führt zu keinem

Entschädigungsanspruch sondern ist durch Sozialpflichtigkeit des Eigentums abgedeckt.

Andere Bundesländer weisen neben Vorranggebieten Hochwasser auch Vorbehaltsgebiete zum Hochwasserschutz aus. In Vorbehaltsgebieten kommt dem Hochwasserschutz ein besonderes Gewicht zu. Das heißt, erst in der Abwägung z.B. in einem Genehmigungsverfahren wird entschieden, ob dieses besondere Gewicht zum Tragen kommt oder ein anderer Belang z.B. die Bebauung im Einzelfall nicht doch gewichtiger ist. In Bayern hat man auf diese Vorbehaltsgebiete verzichtet, weil für eine Differenzierung im Hochwasserschutz keine Kriterien gesehen wurden.

In diesem Zusammenhang muss erwähnt werden, dass der Wasserwirtschaft mit den Überschwemmungsgebieten ein wirkungsvolles Instrument der Flächensicherung zur Verfügung steht. Überschwemmungsgebiete richten sich an den einzelnen Bürger, z.B. bei der Regelung des Grünlandumbruchs, sind aber erst nach umfangreichen Beteiligungsverfahren in Kraft zu setzen. In den meisten Fällen reicht es aus, durch Ziele der Raumordnung also Vorranggebiete nur die öffentlichen Planungsträger z.B. bei der Bauleitplanung zu binden.

4.5 Flächensicherung Lawinenschutz

Ein Instrument der Flächensicherung bei Lawinengefahren findet sich im sog. Alpenplan des Landesentwicklungsprogramms.

Der Alpenplan legt in 3 Zonen fest, wo eine weitere Verkehrserschließung mit Bergbahnen, Skiabfahrten, Straßen und Wegen noch möglich ist (Zone A), bedingt möglich ist (Zone B) oder landesplanerisch unzulässig ist (Zone C). Die Zonen sind kartographisch im Maßstab 1:100 000 festgelegt. Rund 43 % des bayerischen Alpengebiets liegen in der sogenannten Tabuzone C. Die Einteilung des Alpengebiets erfolgte nach Gesichtspunkten der Erholung und des Tourismus sowie unter Berücksichtigung des Gefährdungspotentials wie Erosionen und Lawinen.

Der Lawinenwinter 1998/99 war Anlass zu überprüfen, ob auf Grund der damals festgestellten neuen Lawinenstriche eine Erweiterung der Zone C erforderlich ist. Die Überprüfung hat ergeben, dass die Mehrzahl der Lawinenstriche bereits in der Zone C liegt, aber bei 12 Gebieten eine Erweiterung der Zone C geboten ist. Ursache für das Auftreten neuer Lawinenstriche war vor allem die Schwächung des Bergwalds. Mit der derzeitigen Fortschreibung des Landesentwicklungsprogramms wurde der Anteil der Zone C von 42 % auf 43 % erhöht.

Die Zone C wäre auch geeignet, um erosionsgefährdete Gebiete aufzunehmen. Dazu muss jedoch ein entsprechendes Kataster von der Fachverwaltung bereitgestellt werden.

4.6 Wie wirksam sind nun die Festlegungen der Raumordnung?

Der Auftrag an die Regionalplanung, Vorranggebiete Hochwasserschutz auszuweisen, ist erst erfolgt. Hinsichtlich der Wirksamkeit kann deshalb nur auf die Erfahrungen aus Vorranggebieten aus anderen Fachbereichen zurückgegriffen werden. Danach hat der Vorrang in allen Fällen gegriffen. Im Einzelfall wurde bei Zielkonflikten das Vorranggebiet aufgehoben was aber zu erheblichen und umfangreichen Entscheidungsprozessen führt.

Der Alpenplan existiert seit 1972 in fast unveränderter Form. In der Zone C wurden seither keine unzulässigen Maßnahmen durchgeführt. Der Alpenplan ist das schärfste Instrument (Ist-Formulierungen) das die Raumordnung für den Flächenschutz bereitstellt.

4.7 Raumordnungsverfahren

Ein weiteres Instrument der Raumordnung ist das Raumordnungsverfahren. Im Raumordnungsverfahren werden Vorhaben auf ihre Vereinbarkeit mit den Erfordernissen der Raumordnung überprüft. In Konfliktfällen zeigt die Raumordnung auf, ob und unter welchen Bedingungen ein Vorhaben mit den Erfordernissen der Raumordnung in Einklang gebracht werden kann. Dabei sind die Ziele der Raumordnung u.a. die Ziele zur Flächensicherung zu beachten.

Aber auch Vorhaben der Katastrophenvorsorge selbst können der raumordnerischen Überprüfung unterliegen. Raumordnungsverfahren sollen nach der Raumordnungsverordnung z.B. durchgeführt werden bei der Herstellung, Beseitigung und wesentlichen Umgestaltung eines Gewässers oder seiner Ufer wenn sie eines Planfeststellungsverfahrens bedürfen, sowie für Deiche und Dammbauten. Vor ca. einem Jahr wurde ein Raumordnungsverfahren für ein Projekt zur Schaffung von Retentionsraum im Bereich der Mangfall durchgeführt.

4.8 EU-Förderprogramme

Die Raumordnung ist außerdem an der Beschaffung von Finanzmitteln von der Europäischen Union beteiligt. Es handelt sich dabei um die Gemeinschaftsinitiative INTERREG deren Förderprogramme auf die transnationale Zusammenarbeit abstellen. Der Hochwasserschutz hat bei diesen Programmen besondere Bedeutung, da durch die Zusammenarbeit bei den großen Flusseinzugsgebieten über die Grenze hinweg wirkungsvoller Hochwasserschutz betrieben werden kann. In der Förderperiode 1996-2000 war mit INTERREG II C unter der Federführung der Raumordnung ein Förderprogramm aufgelegt worden. Für den Kooperationsraum INTERREG Rhein-Maas-Aktivitäten (IRMA) wurden nur Hochwasserprojekte z.B. die Schaffung von Retentionsräumen, die Erfassung von Überschwemmungsgebieten gefördert. In der Förderperiode 2000–2006 wird auf Grund der guten Ergebnisse im Programm INTERREG II C mit INTERREG III B diese Strategie fortgesetzt. Dabei wird auch Bayern wieder Projekte zum Hochwasserschutz einreichen.

Andreas von Poschinger

5 Erfahrungen mit dem GEORISK-Informationssystem

Zusammenfassung:

Die Notwendigkeit eines Informationssystems zu Naturgefahren liegt nicht nur im physisch-geographischen, sonder in erheblichem Maße im sozialgeographischen Bereich begründet. Die spezielle Vorgehensweise hierzu in Bayern ist durch den Verwaltungsrahmen geprägt. Somit wurde am Geologischen Landesamt über die Jahre ein GIS entwickelt, das als Gefahrenhinweissystem dient. Die GIS-typische flexible Handhabung ist dabei von besonderem Vorteil für das ständig zu aktualisierende System. Die Grundzüge des GIS und der Handhabung der Daten werden nachfolgend dargelegt.

5.1 Rahmenbedingungen

5.1.1 Strukturwandel

Zum Verständnis der spezifischen Vorgehensweise in Bayern bei der Minderung von und Vorsorge gegenüber Gefährdungen durch Hangbewegungen im Alpenraum ist der strukturelle Rahmen zu berücksichtigen. Noch stärker als in den meisten anderen Alpenregionen sind die bayerischen Alpen von einem intensiven Tourismus geprägt. Dies führt zum Bau von entsprechenden Einrichtungen wie Ferienwohnungen, Hotels und Infrastrukturanlagen. Zudem wird der Alpenraum in erheblichem Maße als Zweitwohn- oder als Altersruhesitz genutzt. Der hierdurch bedingte hohe Siedlungsdruck ist für die teilweise immensen Immobilienwerte verantwortlich. So erreichen die Baulandpreise in einigen Alpengemeinden das hohe Niveau von Baugrund in bester Lage in der Münchener Innenstadt. Einige Alpentäler haben eine Siedlungsdichte erreicht, wie sie nur in den Ballungszentren erreicht wird. Mit der hohen Nachfrage nach Bauland einer geht eine Änderung der Bevölkerungsstruktur. Die ursprünglich über Generationen hinweg dauerhafte Ansässigkeit wird durch eine hohe Fluktuation der Bevölkerung ersetzt. Die junge Generation muss häufig aus Kostengründen abwandern, während ein starker Zuzug aus nichtalpinen Gebieten erfolgt. Früher noch vorhandene traditionelle Überlieferungen und Kenntnisse im Umgang mit der Natur und speziell der Bergwelt gehen dadurch mehr und mehr verloren. Dieser Wissensverlust muss durch neue künstliche Systeme wie zum Beispiel die digitalen „Geographischen Informationssysteme" (GIS) kompensiert werden (s. Abb. 1).

5.1.2 Verwaltungsstruktur

Die Zuständigkeit für Naturgefahren ist in Bayern, ebenso wie in den meisten anderen Ländern, auf verschiedene Ressorts aufgegliedert. In erheblichem Maße ist das Ressort des Bayer. Staatsministeriums für Landesentwicklung und Umweltfragen betroffen. Unter dessen Leitung erarbeiten die beiden nachgeordneten Behörden Geologisches Landesamt (GLA) und Landesamt für Wasserwirtschaft (LfW) entsprechende Konzepte. Das Landesamt für Wasserwirtschaft befasst sich dabei vorwiegend mit dem Lawinenschutz sowie mit übergeordneten Konzepten im Bereich der Wildbachverbauung. Das Geologische Landesamt erarbeitet demgegenüber im Rahmen seines gesetzlichen Auftrages zur ingenieurgeologischen Landesaufnahme Konzepte im Bereich der geologisch bedingten Naturgefahren. Berührungspunkte zwischen diesen beiden Aufgabengebieten sind dabei unausweichlich und müssen in Einzelabsprachen geklärt werden.

Die Regionalplanung sowie der Verkehrssicherung liegen vorwiegend im Bereich des Staatsministeriums des Inneren bzw. von den nachgeordneten Bezirksregierungen. Zudem sind die Bezirksregierungen die Fachaufsichtsbehörde der lokalen Wasserwirtschaftsämter. Im Gegensatz zu einer weitverbreiteten Meinung unterstehen diese nicht dem Landesamt für Wasserwirtschaft. Die Fachbehörden Geologisches Landesamt und Landesamt für Wasserwirtschaft fungieren für die Wasserwirtschaftsämter in gleichem Maße als beratende Fachstelle. Die Wasserwirtschaftsämter sind mit den Planungen und Ausführungen der Arbeiten im Bereich des Wildbach- und Lawinenverbaus befasst.

Die Kommunen treten als lokale Sicherheitsbehörde auf, die im konkreten Fall Anordnungen wie Nutzungsänderungen oder Evakuierungen durchzusetzen hat. Auch sie kann die Fachbehörden zur Beratung beiziehen, ist dabei allerdings kostenpflichtig.

Im Ressort des Staatsministerium für Landwirtschaft und Forsten ist insbesondere die Forstdirektion mit Naturgefahren befasst, allerdings in weit geringerem Maße wie beispielsweise im benachbarten Österreich. Der Erhalt und die Sanierung der Schutzwälder sind eine wesentliche Aufgabe, die in Absprache mit den anderen Fachbehörden erfolgt. Maßnahmen seitens der Forstämter sind allerdings meist nur kleinere Verbauungen gegen Lawinen oder kleinere Bachverbauungen. In größeren Fällen besteht üblicherweise eine Zusammenarbeit mit den Wasserwirtschaftsämtern.

Abb. 1   Rutschung Siebratsgfäll

Dieses alte Bauernhaus wurde durch die Rutschung in Stücke gerissen. Es steht auf dem Rücken der sehr umfangreichen und tiefgreifenden Rutschung. Der Hang war bereits früher aktiv und hat sich 1999 reaktiviert. Mit Hilfe des Informationssystems sollen auch Hinweise auf solche alten Bewegungsbereiche gegeben werden.

Abb.2   Felssturz in der Breitachklamm

Durch den Sturz wurde die Breitach aufgestaut. Nach wenigen Wochen brach der Sturzdamm. Die Wassermassen ergossen sich mit einer Schwallwelle durch die Klamm. Das GEORISK-System dient auch der Dokumentation solcher Ereignisse.

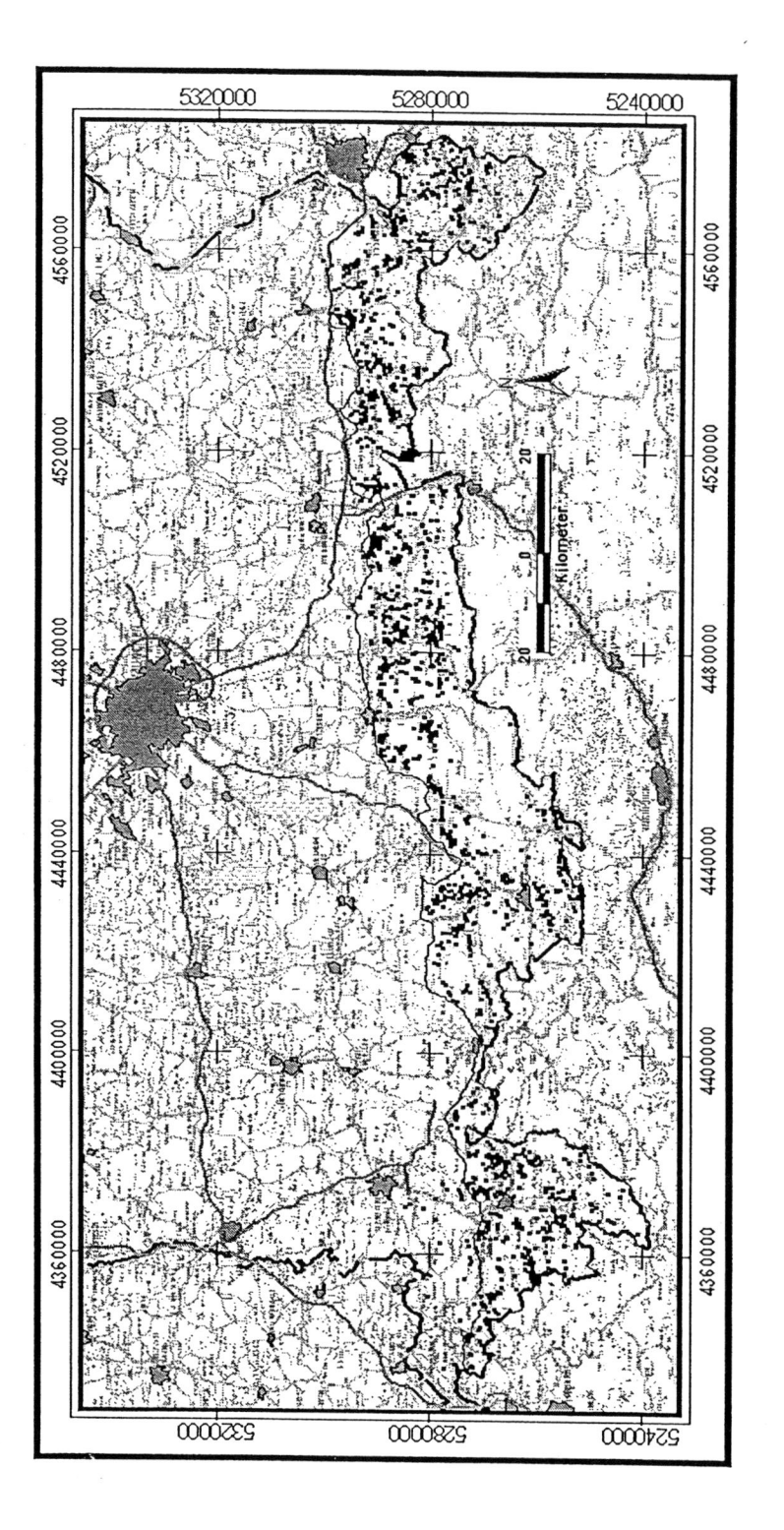

Abb. 3: Abgrenzung des bayerischen Alpenraumes nach dem Landesentwicklungsprogramm Jeder Punkt stellt ein GEORISK-Objekt dar. Einzelne Punkte sind auch nördlich der LEP-Grenze erfasst.

5.2 Das GEORISK-Dokumentations- und Informationssystem

5.2.1 Ein Gefahrenhinweissystem

Für den Bereich der Hangbewegungen innerhalb der alpinen Naturgefahren wurde am Geologischen Landesamt 1987 begonnen, ein Informationssystem aufzubauen, das auch als Vorsorgeinstrument tauglich sein sollte (Poschinger 1990). Von einem anfänglich rudimentären Datenbanksystem war schließlich noch ein langer Weg zu einem funktionierenden GIS. Die Entscheidung in Richtung eines Gefahrenhinweissystems wurde später auch auf politischer Ebene nachvollzogen, als festgelegt wurde, dass in Bayern keine reglementierte Gefahrenzonenplanung erfolgen soll. Die mit der Gefahrenzonenplanung implementierten strikten administrativen Auflagen sollten vermieden werden und durch "weiche" Gefahrenhinweise ersetzt werden. Diese Gefahrenhinweise finden Eingang in die Flächennutzungs- und Bebauungspläne.

5.2.2 Das GEORISK-System

Im GEORISK-Systems werden nahezu alle Arten von sogenannten "geodynamischen Massenbewegungen" erfasst. Insbesondere sind dies Bergstürze, Felsstürze, Rutschungen, Schuttströme und Erdfälle (s. Abb 2). Nicht erfasst werden typische Muren (im Sinne der DIN 19663), Hochwasserereignisse und Lawinen, da sie im Zuständigkeitsbereich der Wasserwirtschaftsverwaltung liegen. Aus Gründen der Personalkapazität beschränkt sich das Erfassungsgebiet auf den Bayer. Alpenraum, wie er im Landesentwicklungsprogramm Bayern definiert wurde (s. Abb. 3). Eine Ausdehnung auf außeralpine Bereiche, insbesondere auf die bekanntermaßen labilen Felsstufen und Hänge der fränkischen und schwäbischen Alb wird allerdings immer häufiger gefordert.

Ein Vorteil eines GIS-basierten Gefahrenhinweissystems liegt in der Möglickeit, Informationen unterschiedlicher Qualität aufzunehmen. So ist es möglich, auch unbestätigte Informationen von Dritten (z.B. Literatur, Luftbildauswertung) zu dokumentieren. Der Großteil der erfassten GEORISK-Objekte wurde jedoch zumindest von einem Mitarbeiter des Geologischen Landesamtes vor Ort in Augenschein genommen. In einzelnen wenigen Fällen war es möglich, einen hohen Aufwand zu treiben und Gutachten mit Detailuntersuchungen, Kartierungen, geophysikalische Untersuchungen oder sogar Bohrungen durchzuführen. Ein wesentliches Element bei dieser abgestuften Vorgehensweise ist auch die Möglichkeit, in Einzelfällen ein längerfristiges Monitoring einzusetzen. Viele Hangbewegungen entwickeln sich so langsam, dass nur durch langfristige geodätische oder geotechnische Überwachungen das tatsächliche Gefährdungspotential abgeschätzt werden kann. Zu diesem Zweck werden durch das Geologische Landesamt geodätische Profillinien oder Messnetze eingerichtet, Messbolzen zur periodischen Nachmessung an Felsspalten installiert oder Bewegungsmessanlagen mit Datensammlern zur kontinuierlichen Messwerterfassung aufgebaut. Letztere sind teilweise auch zur Datenfernübertragung mittels Modem ausgerüstet.

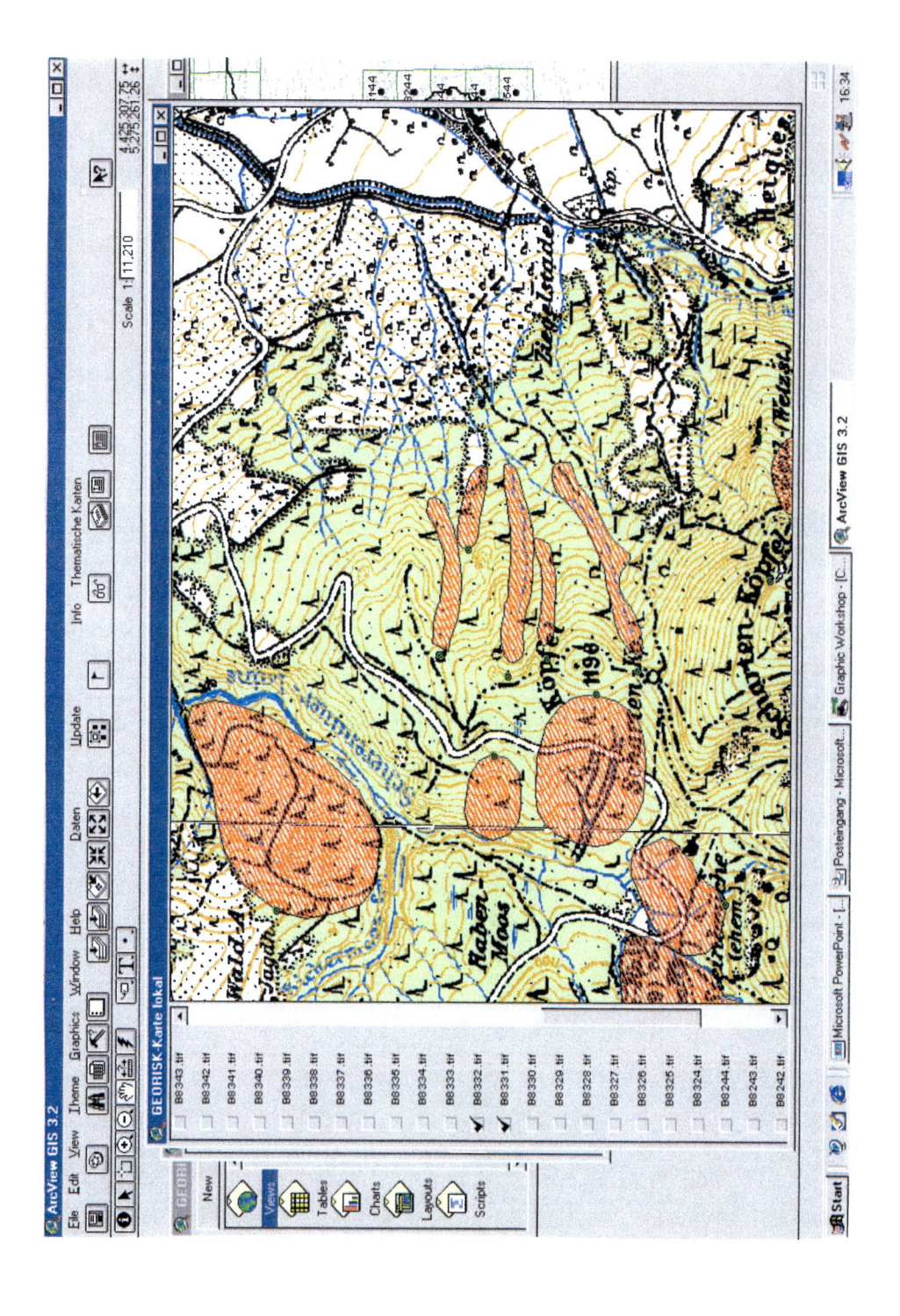

Abb. 4: Ablagerungsbereiche von Rutschungen und Schuttströmen bei Unterammergau

5.2.3 GEORISK als Element des Bodeninformationssystems Bayern

Das Geologische Landesamt hat vom Bayerischen Landtag den Auftrag bekommen, ein umfassendes Bodeninformationssystem („BIS") zu erstellen. Das Amt ist in dieser Aufgabe bereits weit fortgeschritten und hat das BIS im Sommer 2003 erstmalig der Öffentlichkeit vorgestellt. Auch die Daten aus dem GEORISK-System gehen in dieses Bodeninformationssystem mit ein und werden somit einer breiten Öffentlichkeit zugänglich gemacht.

Jedes Hangbewegungsobjekt ist durch einen Punkt identifiziert, der sich im Zentrum der Anbruchkante befindet. Die Punktdaten zu den Hangbewegungen und die zugehörigen Informationen finden zunächst Eingang in das "BIS" und können von dort aus als Access-Datenbank heruntergeladen werden. Diese bildet den Hintergrund für das GEORISK-System. Die eigentliche GEORISK-Anwendung ist auf dem System ArcView 3.2 der Firma ESRI aufgebaut, wobei für interne Zwecke bereits eine Version in ArcGIS 8.2 vorliegt. In ArcView werden sämtliche Flächendaten vorgehalten, z.B. die Ablagerungsbereiche von Felsstürzen oder die von Rutschungen betroffenen Flächen (s. Abb. 4). Im Umfeld von Siedlungsgebieten wurden eigens Kartierungen durchgeführt, um dem erhöhten Schadenspotential Rechnung tragen zu können. Für diese Gebiete wurden spezielle Karten der Aktivität erstellt (s. Abb. 5).

Zu jedem Hangbewegungsobjekt gibt es nicht nur die in der Datenbank erfassten Grunddaten, sondern auch ergänzende Beschreibungen und in vielen Fällen auch Abbildungen. Die Textbeschreibungen stellen ein wesentliches Element dar, da hier flexibel auf den Einzelfall und seine Besonderheiten eingegangen werden kann. So werden beispielsweise die Informationsquellen genannt, damit ein Bearbeiter gegebenenfalls dort nach näheren Details suchen kann. Zudem wird der Zustand zum Zeitpunkt der Erhebung sowie die mögliche weitere Entwicklung dargestellt. Dies beinhaltet insbesondere auch eine Gefährdungsabschätzung. Bei den Abbildungen können Fotos den Zustand des Objektes zum Zeitpunkt der Begehung dokumentieren, es sind teilweise aber auch Profildarstellungen oder Kartenskizzen zur besseren Illustration des Einzelfalles wiedergegeben.

5.2.4 Weitergabe der GEORISK-Daten

Nach der abgeschlossenen Grunderhebung in den einzelnen Gebieten wurden die Ergebnisse gezielt an die Bezirksregierungen, die Landratsämter, die Forstdirektion sowie die Wasserwirtschaftsbehörden weitergeleitet. Auf Anfrage werden die Informationen an andere Stellen, insbesondere an die Gemeinden, Planungs- und Ingenieurbüros sowie aber auch an Private weitergeleitet. Hierbei werden Auszüge der jeweils betroffenen Bereiche automatisiert im ArcView erstellt und ausgedruckt, so dass der Aufwand minimiert werden kann.

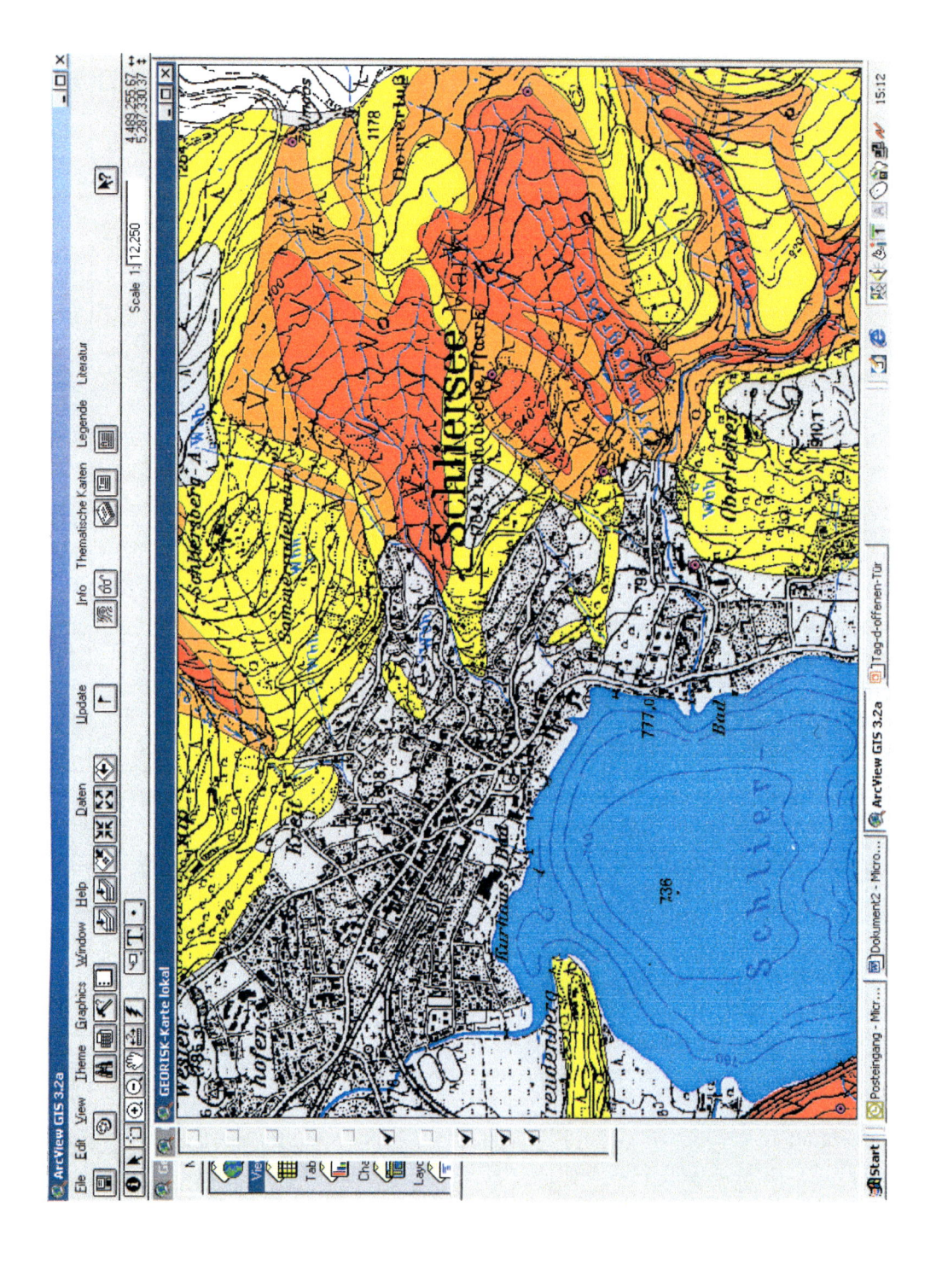

Abb. 5: **Karte der Aktivitätsbereiche**
Diese Karte stellt im Umfeld der Siedlungsgebiete, hier das Beispiel Schliersee, die Aktivität von Hangbewegungen dar.

5.2.5 Ausblick

Im bisherigen GEORISK-Informationssystem werden ausschließlich aktuelle oder reliktische Rutschbereiche sowie die Ablagerungen von früheren Fels- und Bergsturzbereichen erfasst. Eine Aussage über die potentielle Reichweite zukünftiger Ereignisse ist bisher allenfalls in den Beschreibungen beeinhaltet und ist auf die subjektive Einschätzung des Mitarbeiters zurückzuführen. Der Sachbearbeiter in der Baugenehmigungsbehörde beispielsweise kann aus den bisherigen Karten nicht ohne weiteres ablesen, ob eine festgestellte Hangbewegung am benachbarten, höher gelegenen Hang einen Einfluss auf das gerade geplante Baugebiet hat oder nicht.

Diesem Manko soll derzeit mit einem Zusatzprogramm begegnet werden. Im Projekt "CatchRisk", einem EU-Projekt im Rahmen des Programmes Interreg 3-B „Alpine Space", wird ein Ansatz zur Vorhersage von möglichen Reichweiten im regionalen Maßstab verfolgt. Dabei werden entweder dreidimensionale geometrische Projektionen (TIN) im GIS, bei der die potentiellen Anbruchbereiche, das digitale Geländemodell sowie kegelförmige Darstellungen des sogenannten „geometrischen Gefälles" bzw. des „Schattenwinkels" (Evans, S.G. & Hungr, O. 1993, Meißel 1998) oder entsprechende 3-D-Raster miteinander verschnitten. Somit können die Flächen, die potentiell von Felsstürzen überstrichen werden können, mit hinreichender Genauigkeit abgegrenzt werden. Die resultierenden Darstellungen im regionalen Maßstab (1:25000) können und sollen Detailuntersuchungen nicht ersetzen. Sie sollen aber als Hinweis dafür gelten, in welchen Bereichen derartig detaillierte Untersuchungen tatsächlich erforderlich und notwendig sind.

5.3 Bewertung

Die Erfahrungen mit dem GEORISK-Dokumentations- und Informationssystem, das sich im Laufe der Jahre von einer reinen Datenbank zu einem leicht zu bedienenden und performanten GIS entwickelt hat (Mayer et al. 2002), sind insgesamt als sehr positiv zu bezeichnen. Das System stellt ein sehr gutes Werkzeug dar, um unterschiedlichste Informationen über Naturgefahren zu sammeln, zu verarbeiten und weiterzuleiten. Es beinhaltet einen hohen Informationsgehalt und ist durch die Flexibilität und die leichte Aktualisierbarkeit gekennzeichnet. Ein solches System steht und fällt allerdings mit der Aktualität seiner Daten. Deshalb ist für die permanente Nachführung der Daten ein erheblicher Aufwand einzurechnen. Dies beinhaltet sowohl die Neuaufnahme von Objekten, als auch die Aktualisierung von bereits erfassten Hangbewegungen. Auch die Pflege des digitalen Systems an sich bedingt einen erheblichen Aufwand. Soweit dieser Pflegeaufwand geleistet werden kann, stellt das Informationssystem eine aus hiesiger Sicht optimale Basis für eine Gefahrenvorsorge dar. Die ständig steigende Nachfrage nach den Informationen, insbesondere von Seiten der Kommunen und der lokalen Ämter, verdeutlicht den Bedarf und die Akzeptanz der Vorgehensweise.

Literatur

Evans, S. G. / Hungr, O. (1993): The assessment of rockfall hazards at the base of talus slopes. In: Canadian Geotechnical Journal, 30. Pp. 620-636.

Mayer, K. / Müller-Koch., K. / Poschinger, A. v. (2002): Dealing with landslide hazards in the Bavarian Alps. In: Rybár, J. / Stemberk, J. / Wagner, P. (Eds.): Landslides, Proc. 1st Europ. Conf. on Landslides. Prague. Pp. 417-421.

Meißl, G. (1998): Modellierung der Reichweite von Felsstürzen. Innsbrucker Geographische Studien, 28.

Poschinger, A. v. (1990): Hangbewegungen im Bayerischen Alpenraum; Erfassung, ingenieurgeologische Untersuchung, Bewertung. Mitteilungen der Geographischen Gesellschaft in München, 75. S. 37-45.

Kerstin Schaller

6 Raumplanung und Naturgefahrenprävention in der Schweiz

Zusammenfassung:

In den letzten Jahrzehnten verursachten Naturereignisse in den Alpen erhebliche Schäden an Personen und Sachgütern und führten den betroffenen Staaten die Notwendigkeit einer effizienten Naturgefahrenprävention vor Augen. Während man im Bereich der Naturgefahrenabwehr lange Zeit vor allem auf technische Lösungen setzte, ist man in den letzten Jahren vermehrt dazu übergegangen, präventiv-raumplanerische Maßnahmen dem bisherigen Instrumentarium hinzuzufügen. Am Beispiel der Schweiz wird – basierend auf der Analyse raumordnerisch-rechtlicher und raumplanungsrelevanter sachrechtlicher Bestimmungen – gezeigt, in welchem Ausmaß und auf welche Weise Naturgefahren im schweizerischen Raumplanungskonzept Berücksichtigung finden.

6.1 Historische Entwicklung der Naturgefahrenprävention in der Schweiz

Erste Schritte im Bereich der Naturgefahrenprävention wurden in der Schweiz in den 60er und 70er Jahren des 19. Jahrhunderts unternommen. Katastrophale Hochwasser- und Lawinenereignisse sowie steigende Nutzungsansprüche in den Bergregionen veranlassten den Bund, mit den Forstgesetzen von 1876 und 1902 sowie dem Wasserbaugesetz von 1877 erste gesetzliche Grundlagen für eine systematische präventive Naturgefahrenabwehr zu schaffen.

Zu Anfang übernahmen vorwiegend die Forstdienste im Berggebiet die Aufgabe der Naturgefahrenprävention. Nach dem Motto „Vorbeugen ist billiger als heilen" stand vor allem die Wiederherstellung und Erhaltung der Schutzfunktion des Waldes im Vordergrund des Interesses. Mit Hilfe von Aufforstung und Waldpflege wurde versucht, den Naturgefahren zu begegnen (vgl. Greminger 1998).

Erst in den 50er Jahren des 20. Jahrhunderts wurde – in Folge des katastrophalen Lawinenwinters der Jahre 1950/51 – schließlich die Notwendigkeit erkannt, auch raumplanerische Maßnahmen in eine effektive Naturgefahrenprävention zu integrieren. Der Bund gab die Weisung an die Kantone, Gefahrenkarten zu erstellen, in denen auf lawinengefährdete Gebiete hingewiesen werden sollte. Der Grundstein für die Ausweisung von Lawinengefahrenzonen wurde 1952 mit den *„Richtlinien betreffend Aufforstung- und Verbauungsprojekte in lawinengefährdeten Gegenden"* des Eidgenössischen Departments des Inneren (EDI) gelegt. Das Eidgenössische Institut für Schnee- und Lawinenforschung Weissfluhjoch-Davos (EISLF) begann 1955 mit der Erfassung von Lawinenkatastern. Mit der

Ausweisung von Lawinengefahrenzonen wurde allerdings erst einige Jahre später begonnen, basierend auf der im Oktober 1965 durch den Art. 32 Abs. 2 ergänzten Vollziehungsverordnung zum Eidgenössischen Forstpolizeigesetz. Nach dieser Ergänzung hatten die Kantone dafür zu sorgen, dass *„in lawinengefährdeten Gebieten keine Gebäude errichtet wurden. Zu diesem Zweck sollten Lawinenzonenpläne aufgestellt werden. Wurde bei der Wahl der Bauplätze keine Rücksicht auf den Zonenplan, den Lawinenkataster oder Warnungen vor Bauvorhaben genommen, so leistete der Bund keine Beiträge an den Schutz solcher Bauten"* (Baumann u. Buri 1994, S. 29).

Das Bundesamt für Forstwesen – heute integriert in das Bundesamt für Umwelt, Wald und Landschaft – publizierte im Jahre 1975 provisorische *„Richtlinien zur Berücksichtigung der Lawinengefahr beim Erstellen von Bauten und bei Verkehrs- und Siedlungsplanung"*. In den folgenden Jahren wurde die Beurteilung von Naturgefahren präzisiert und auf alle gravitativen Naturgefahren ausgedehnt.

Das Bundesgesetz über die Raumplanung trat im Jahre 1979 in Kraft und zwingt seitdem Bund, Kantone und Gemeinden, bei ihren raumwirksamen Tätigkeiten natürliche Gegebenheiten und damit alle Naturgefahren zu berücksichtigen (vgl. Art. 1 RPG). Gemäß Art. 6 Abs. 2 RPG sind die Kantone dazu verpflichtet, in denjenigen Gebieten Gefahrenzonen auszuweisen, die durch Naturgefahren erheblich bedroht sind.

Diese gesetzlichen Bestimmungen erhielten im Jahre 1991 ein zusätzliches Gewicht und eine Konkretisierung durch das Wasserbau (WBG)- und Waldgesetz (WaG). Durch das Inkrafttreten der beiden Gesetze am 1. Januar 1993 wird raumplanerischen Maßnahmen im Rahmen der Naturgefahrenprävention nunmehr eine rechtskräftige Vorrangstellung vor baulichen Eingriffen eingeräumt. Um diesem gesetzlichen Auftrag gerecht werden zu können, sind die Kantone zur Erstellung von Gefahrenkatastern und Gefahrenkarten für alle Naturgefahren verpflichtet. Diese vom Bund subventionierten Grundlagen müssen in der kantonalen Richt- und der kommunalen Nutzungsplanung berücksichtigt werden. Den Fachinstitutionen des Bundes obliegen die Grundlagenerarbeitung und die Festsetzung technischer Bestimmungen.

Heute stellen die
- *„Richtlinien des Bundes zur Berücksichtigung der Lawinengefahr bei raumwirksamen Tätigkeiten"*
  Bundesamt für Forstwesen (BFF) und Eidgenössisches Institut für Schnee- und Lawinenforschung (EISLF), 1984;
- die *„Empfehlungen zur Berücksichtigung der Hochwassergefahr bei raumwirksamen Tätigkeiten"*
  Bundesamt für Wasserwirtschaft (BWW), Bundesamt für Raumplanung (BRP) und Bundesamt für Umwelt, Wald und Landschaft (BUWAL), 1997;
- sowie die *„Empfehlungen zur Berücksichtigung der Massenbewegungen bei raumwirksamen Tätigkeiten"*
  Bundesamt für Umwelt, Wald und Landschaft (BUWAL), Bundesamt für Wasserwirtschaft (BWW) und Bundesamt für Raumplanung (BRP), 1997

die aktuellen Beurteilungsgrundlagen im Sinne des Raumplanungsgesetzes (vgl. Art. 13 RPG) dar.

6.2 Berücksichtigung von Naturgefahren im raumplanerischen Konzept der Schweiz

Aufgabe der Raumplanung ist es, unter Berücksichtigung der unterschiedlichen Nutzungsansprüche an den Raum raumrelevante Handlungen und Entscheide zu koordinieren und die gesetzlich zulässigen Nutzungsarten im Raum verbindlich festzulegen. Dies geschieht auf der Grundlage gesetzlicher Bestimmungen und mit Hilfe der zur Verfügung stehenden raumplanerischen Instrumente.

In der Schweiz unterliegen die Gemeinwesen aller politischen Ebenen – Bund, Kantone und Gemeinden – der Planungspflicht (vgl. Art. 2 Abs. 1 RPG).

Die raumplanerische Aufgabe des Bundes umfasst den Erlass eines Grundsatzgesetzes – des Bundesgesetzes über die Raumplanung (RPG) –, die Zusammenarbeit mit den Kantonen (Kooperationskompetenz) sowie die Koordination und Förderung kantonaler Bestrebungen (Koordinations- und Förderungskompetenz) (Art. 75 BV). Der Bund erfüllt seine Planungs- und Abstimmungspflicht im Bereich der behördenverbindlichen Planung mit Hilfe von Konzepten und Sachplänen (vgl. Art. 13 RPG).

Die Hauptverantwortung der Raumplanung liegt entsprechend dem föderativen Selbstverwaltungsrechtes der Schweizerischen Eidgenossenschaft bei den Kantonen (Föderative Raumplanung). Zur Erfüllung des Verfassungsauftrages zur Raumplanung (Art. 75 BV) sieht das Bundesgesetz über die Raumplanung den kantonalen Richtplan (vgl. Art. 6 - 12 RPG) vor. Dieser dient der räumlichen Ordnung und Vorsorge sowie der vertikalen[46] und horizontalen[47] Koordination. Richtpläne sind behördenverbindlich (vgl. Art. 9 Abs. 1 RPG), das heißt sie geben den planenden Institutionen aller politischen Ebenen verbindliche Vorgaben für die Ausübung ihres Planungsermessens.

Den Gemeinden obliegt in der Schweiz der Erlass von Baureglements (Bauordnungen), Rahmennutzungs- und Sondernutzungsplänen. *„Nutzungspläne lokalisieren, differenzieren und dimensionieren die gesetzlich zulässige Nutzung des Bodens und des damit verbundenen Raumes nach Art und Intensität. Sie treffen die grundlegende Abtrennung der Bauzone von den Nichtbauzonen"* (Gilgen 2001, S. 76).

Kommunale Nutzungspläne *„unterscheiden vorab Bau-, Landwirtschafts- und Schutzzonen"* (Art. 14 Abs. 2 RPG). Daneben können im Rahmen der kantonalen Gesetzgebung sogenannte „Weitere Nutzungszonen" (Art. 18 RPG), wie beispielsweise Gefahrenzonen vorgesehen werden. Nutzungspläne sind nach Art. 21 Abs. 1 RPG für jedermann verbindlich, das heißt jeder, der Boden nutzen will, hat sie als rechtlichen Rahmen und die in ihnen festgelegten Bestimmungen zu beachten. Die Baubewilligung, deren Erteilung in den meisten Kantonen ebenfalls im Zuständigkeitsbereich der Gemeinde liegt, stellt ein wichtiges Instrument zur raumwirksamen Umsetzung kommunaler Nutzungspläne dar (vgl. Art. 22 RPG).

---

[46] Die vertikale Koordination umfaßt die Interessenabwägung und Abstimmung zwischen verschiedenen Planungsebenen (vgl. Gilgen 1999).

[47] Die Interessenabwägung und -anpassung innerhalb derselben Planungsebene und mit den angrenzenden Planungsgebieten wird als horizontale Koordination bezeichnet (vgl. Gilgen 1999).

Hinsichtlich der Naturgefahrenabwehr ist die Raumplanung gefordert, auf der Grundlage vorhandener Erkenntnisse über Naturgefahren und mit Hilfe ihres raumplanerischen Instrumentariums entsprechende Maßnahmen zu ergreifen, um Nutzungsansprüche an die vorhandenen Gefahrenpotentiale anzupassen.

In der Schweiz sind die Ebene der Richtplanung auf kantonaler Stufe und die Ebene der Nutzungsplanung auf kommunaler Stufe die entscheidenden Planungsebenen im Rahmen raumplanerischer Naturgefahrenprävention.

Im Rahmen der Richtplanung sollen die Kantone nach Art. 6 Abs. 2 lit. C RPG vorhandene Naturgefahren aufzeigen und auf mögliche Gefahrenpotentiale hinweisen.

Der Richtplan soll im Bereich der Naturgefahrenabwehr folgende Aufgaben erfüllen:
- Formulierung von kantonalen Grundsätzen beim Schutz vor Naturgefahren,
- frühzeitige Analyse von Risiko- und Konfliktsituationen,
- Zusammenstellung bereits vorhandener oder noch zu erarbeitender Grundlagen,
- Bestimmung von Maßnahmen zur Gefahrenabwehr,
- Benennung der im Rahmen der Naturgefahrenprävention zuständigen Fachstellen,
- Festlegung von Vorgaben und Handlungsanweisungen an nachstehende Planungen, insbesondere an die kommunale Nutzungsplanung. (Guggisberg 1994; BWW, BRP und BUWAL 1997)

Die eigentliche Umsetzung raumplanerischer Naturgefahrenprävention liegt bei der Nutzungsplanung der Gemeinden.[48] Der Nutzungsplan mit seiner eigentümerverbindlichen und parzellengenauen Festlegung von Ort, Zweck und Umfang der Nutzung ist das zentrale raumplanerische Instrument zur Begrenzung des Schadenspotentials. Während in Gebieten mit starker Gefährdung durch Naturgefahren grundsätzlich keine Neubauten zugelassen werden, sind bei weniger starker Gefährdung bauliche Tätigkeiten mit entsprechenden Auflagen möglich. Den rechtlichen Rahmen für die Umsetzung im kommunalen Zonenplan und Baureglement definiert das jeweilige kantonale Raumplanungsgesetz (vgl. Kienholz 1999).

---

[48] Die Behördenverbindlichkeit des kantonalen Richtplanes fordert die Berücksichtigung von Naturgefahren in der Nutzungsplanung (Art. 14 ff. RPG).

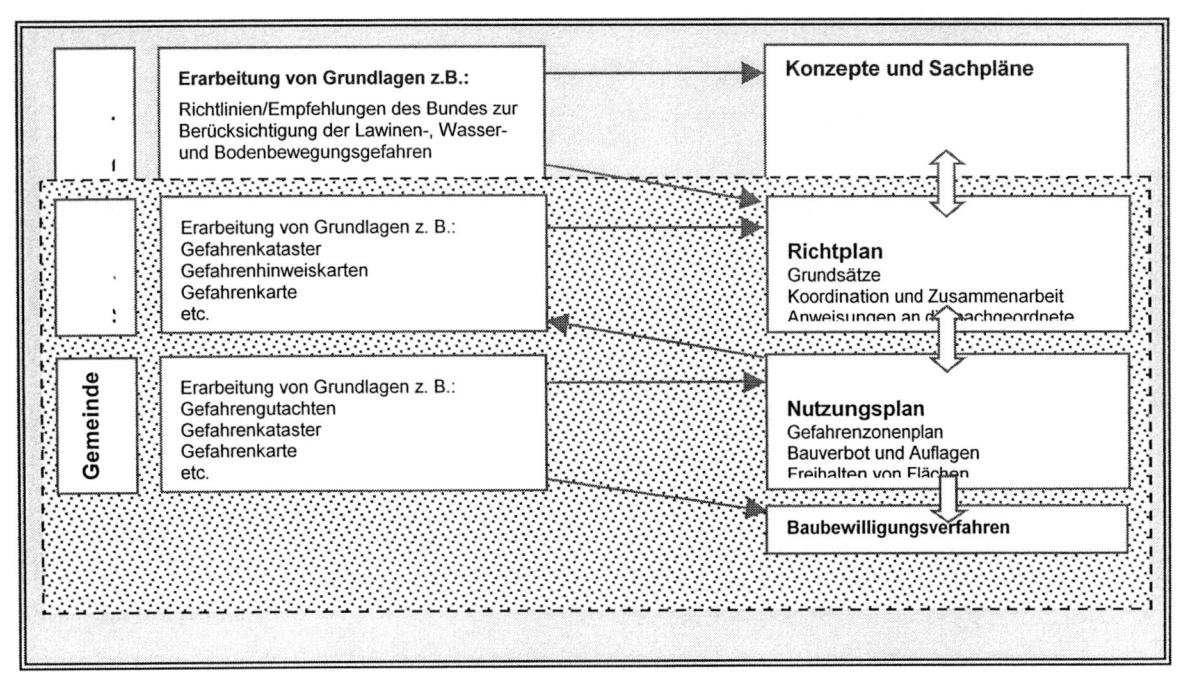

Abb. 1: Berücksichtigung von Naturgefahren in der Raumplanung
Quelle: Guggisberg u. Wegelin 1998, S. 4.

6.3 Umsetzung von Präventionsmaßnahmen im Planungsprozess des Kantons Graubünden

Eine wesentliche Voraussetzung für eine effektive Umsetzung raumplanerischer Präventionsmaßnahmen ist die Erkennung und Dokumentation der Naturgefahrensituation sowie deren Beurteilung.

Im Kanton Graubünden findet die Grundlagenerarbeitung zur Erfassung und Begutachtung von Naturgefahren nicht flächendeckend für das gesamte kantonale Gebiet statt, sondern konzentriert sich auf sogenannte Erfassungsbereiche. *„Als Erfassungsbereich wird ein nach einheitlichen Vorgaben abgegrenztes Gebiet bezeichnet, in dem alle auftretenden Naturgefahren rückblickend und vorausschauend im Rahmen des gesetzlichen Auftrages zum Naturgefahrenmanagement beurteilt werden"* (Amt für Wald Graubünden (AfW) 1999, S. 3). In diesem definierten Bereich werden Grundlagen hinsichtlich der Gefährdung erhoben, aufbereitet und analysiert, um schließlich die Ausweisung von Gefahrenzonen vornehmen zu können.

Die Abgrenzung der Erfassungsbereiche mit voll- und unvollständigen Ereigniskataster erfolgt auf der Basis eines Entscheidungsrasters mit Objektkategorien und Abstandsrichtwerten.

Tab. 1: **Entscheidungsraster des Erfassungsbereichs Naturgefahren im Kanton Graubünden**

Erfassungsbereich	Objekte	Anzahl der Gebäude gleicher oder höherer Kategorie / Minimale Abstände	Erreichbarkeit über das öffentliche Wegnetz (Kantons- und Gemeindestraßen)
Erfassungsbereich mit vollständigem Ereigniskataster	- alle Bauzonen und ganzjährig bewohnte/genutzte Einzelgebäude - Campinganlagen - Schießanlagen	keine Einschränkungen	ganzjährig über das öffentliche Wegnetz erreichbar
Erfassungsbereich mit unvollständigem Ereigniskataster	- ganzjährig bewohnte/genutzte Einzelgebäude	keine Einschränkungen	nur zeitweise oder nicht über das öffentliche Wegnetz erreichbar
	- nicht ganzjährig genutzte Gebäude; dem Aufenthalt von Mensch und Tier dienend		nur zeitweise oder nicht über das öffentliche Wegnetz erreichbar
	- nicht ganzjährig genutzte Gebäude, dem Aufenthalt von Mensch und Tier dienend	mindestens 2 Gebäude im Abstand kleiner als 250 m zueinander	nur zeitweise oder nicht über das öffentliche Wegnetz erreichbar
Erfassungsbereich unter speziellen Voraussetzungen	- nicht dem Aufenthalt von Mensch und Tier dienende Gebäude (Heuschober, Remisen etc.)	Einbezug, falls innerhalb von 150 m von einem bereits festgelegten Erfassungsbereich entfernt	

Quelle: Caprez 2000, S. 48.

Während beim Erfassungsbereich mit vollständigem Ereigniskataster alle innerhalb des Erfassungsbereiches eingetretenen Naturereignisse aufgenommen werden, finden beim Erfassungsbereich mit unvollständigem Ereigniskataster nur die eingetretenen Naturereignisse Berücksichtigung, die Schaden und damit verbundene Kosten verursacht haben. Zudem können richtplanmäßige Entwicklungsräume bei der Festlegung des Erfassungsbereiches einbezogen werden. Zusammen bilden diese den Erfassungsbereich Naturgefahren, *„d. h. denjenigen Bereich, in welchem der Ereigniskataster geführt, die Gefahrenkarten erstellt und aktualisiert und die Gefahrenzonen ausgeschieden werden"* (Amt für Raumplanung Graubünden (ARP) u. Amt für Wald Graubünden (AfW) 2001, S. 2).

Mit der kommunalen Abgrenzung der Erfassungsbereiche für den gesamten Kanton Graubünden begann das Amt für Wald Graubünden im Jahre 1999. Eine enge Zusammenarbeit mit dem Amt für Raumplanung im Rahmen des Festsetzungsverfahrens wurde von Anfang an angestrebt, um auch raumplanerische Interessen bei der Ausweisung entsprechend berücksichtigen zu können.

Das Ereigniskataster Naturgefahren ist *"ein Verzeichnis eingetretener Naturereignisse und umfasst die Aufzeichnung des Ablaufs und der festgestellten Schäden, der Wirkungsbereiche, des meteorologischen Umfeldes und der hydrologischen Daten"* (ARP u. AFW 2001, S. 3). Es besteht aus einem Text- und einem Kartenteil. Während der Textteil Auskunft über Prozessart, Ort, Zeit und Ausmaß des Naturereignisses und das damit verbundene Schadenspotential gibt, dient der Kartenteil der räumlichen Lokalisierung und Abgrenzung. Die Ereignisdokumentation erfolgt im Kanton Graubünden seit dem 1. Januar 2002 EDV-gestützt (StorMe[49]). Die Eingabe der Sachdaten in die StorMe-Datenbank und deren Verwaltung sowie die Digitalisierung räumlicher Daten liegt beim Amt für Wald Graubünden (vgl. Burren u. Taverna 2001).

Die im Ereigniskataster festgehaltenen Informationen liefern die Basis für die Bestimmung potentieller Gefahrenbereiche. Die Resultate der Gefahrenbeurteilung werden in den „Gefahrenhinweiskarten", den „Gefahrenkarten" und in den daraus abgeleiteten „Gefahrenzonen" festgehalten.

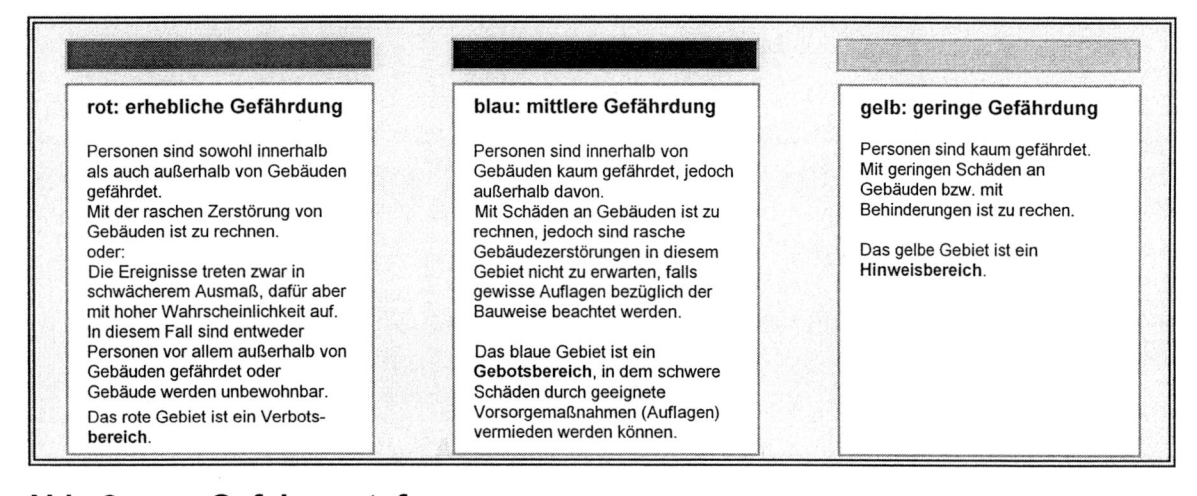

rot: erhebliche Gefährdung	blau: mittlere Gefährdung	gelb: geringe Gefährdung
Personen sind sowohl innerhalb als auch außerhalb von Gebäuden gefährdet. Mit der raschen Zerstörung von Gebäuden ist zu rechnen. oder: Die Ereignisse treten zwar in schwächerem Ausmaß, dafür aber mit hoher Wahrscheinlichkeit auf. In diesem Fall sind entweder Personen vor allem außerhalb von Gebäuden gefährdet oder Gebäude werden unbewohnbar. Das rote Gebiet ist ein **Verbotsbereich**.	Personen sind innerhalb von Gebäuden kaum gefährdet, jedoch außerhalb davon. Mit Schäden an Gebäuden ist zu rechnen, jedoch sind rasche Gebäudezerstörungen in diesem Gebiet nicht zu erwarten, falls gewisse Auflagen bezüglich der Bauweise beachtet werden. Das blaue Gebiet ist ein **Gebotsbereich**, in dem schwere Schäden durch geeignete Vorsorgemaßnahmen (Auflagen) vermieden werden können.	Personen sind kaum gefährdet. Mit geringen Schäden an Gebäuden bzw. mit Behinderungen ist zu rechen. Das gelbe Gebiet ist ein **Hinweisbereich**.

Abb. 2   Gefahrenstufen
Quelle: BWW, BRP u. BUWAL 1997, S. 17.

Gefahrenhinweiskarten bilden *"eine Grundlage für die großräumige Groberkennung der Gefährdungssituation"* (ARP u. AFW 2001, S. 3). Sie beinhalten Informationen über Gefahrenarten, geben allerdings keine Auskunft über den Gefährdungsgrad (Wahrscheinlichkeit und Intensität). Die Gefahrenhinweiskarte besitzt eine geringe Bearbeitungstiefe. Sie dient vorwiegend als Planungsgrundlage für

---

[49] Mit der Datenbank StorMe (Ereigniskataster) wird den kantonalen Wald- und Wasserbaufachstellen von Seiten der Eidgenössischen Forstdirektion ein EDV-Hilfsmittel zur Dokumentation von Naturereignissen zur Verfügung gestellt.

die Festlegung der Notwendigkeit und Dringlichkeit spezifischer Detailuntersuchungen und genügt somit in der Regel den Ansprüchen der Richtplanung.

„Die Gefahrenkarte stellt innerhalb der Erfassungsbereiche objektiv die von gefährlichen Prozessen (Naturereignissen) bedrohten Flächen prozessgetrennt in drei Gefahrenstufen dar und zeigt die resultierenden Gefährdungen für Menschen, Tiere und erhebliche Sachwerte" (ARP u. AFW 2001, S. 3) (Abb. 2).

Die Gefahrenkarte enthält genaue Aussagen über Gefahrenart, räumliche Ausdehnung und Grad der Gefährdung. Sie wird für die Gefahrenarten geomorphologische Massenbewegungen, Lawinen und Hochwasser separat von den Forstbehörden geführt. Aufgrund ihrer hohen Bearbeitungstiefe („parzellengenaue" Abgrenzung) stellt sie die entscheidende Planungsgrundlage für die Ausweisung von Gefahrenzonen im Rahmen der Nutzungsplanung dar.

Erst durch die Einbindung der Gefahrenkarten in den kommunalen Nutzungsplan kommt es zu einer rechtsverbindlichen Berücksichtigung von Naturgefahren in der Raumplanung (Ausweisung von Gefahrenzonen) und somit zu einer der Gefahrensituation angepassten Nutzungsfestlegung.

Die grundeigentümerverbindliche Festlegung der Gefahrenzonen[50] erfolgt nach Art. 37 des Raumplanungsgesetzes für den Kanton Graubünden (KRPG) in den Zonenplänen der Gemeinden. Nach Art. 16 KRPG wird in den kommunalen Nutzungsplänen zwischen folgenden zwei Gefahrenzonen unterschieden:

- Gefahrenzonen hoher Gefahr (rote Gefahrenzone)
  „In der Zone mit hoher Gefahr dürfen keine Bauten erstellt und erweitert werden, die dem Aufenthalt von Menschen und Tieren dienen. Zerstörte Bauten dürfen nur in Ausnahmefällen wieder aufgebaut werden. Standortgebundene Bauten, die nicht dem Aufenthalt von Menschen und Tieren dienen, sind mit entsprechendem Objektschutz zulässig" (Art. 17 Abs. 1 KRVO).

- Gefahrenzonen geringerer Gefahr (blaue Gefahrenzone)
  „In Zonen mit geringer Gefahr bedürfen Bauvorhaben (Neu- und Erweiterungsbauten, Umbauten mit erheblicher Wertvermehrung) der Genehmigung durch die Gebäudeversicherung des Kantons Graubünden. Bei Standortgefährdung umschreibt diese die erforderlichen baulichen Schutzmaßnahmen als Bauauflagen" (Art. 17 Abs. 2 KRVO).

Die Gebäudeversicherung des Kantons Graubünden (GVA) nimmt im Rahmen der raumplanerischen Naturgefahrenprävention eine besondere Stellung ein. Durch die Beteiligung der kantonalen Versicherung im Raumplanungsverfahren zur Ausweisung und Freihaltung bzw. risikogerechten Bebauung von Gefahrenzonen wird die GVA Mitbeteiligte bei der Umsetzung des kantonalen Raumplanungsgesetzes. Die Gebäudeversicherung hat die Aufgabe, Bauvorhaben in Gefahrenzonengebieten einer besonderen Prüfung zu unterziehen.

---

[50] Gefahrenzonen sind definiert als diejenigen Gebiete innerhalb des Erfassungsbereiches, „in denen mit dem Auftreten von Naturgefahren wie Lawinen, Gleitschnee, Hochwasser, Murgängen, Rutsch- und Sturzbewegungen zu rechnen ist" (ARP 2001, S. 3).

Da die Gebäudeversicherung im Kanton Graubünden eine Monopolstellung besitzt und eine obligatorische Versicherungspflicht für Elementarrisiken für jedermann besteht (vgl. Art. 4 Abs. 1 GVAG), müssen die von ihr geforderten Auflagen zwingend Berücksichtigung finden. Sollten festgelegte Objektschutzmaßnahmen im Rahmen der Bautätigkeit nicht beachtet werden, wird grundsätzlich kein Versicherungsschutz gewährt (vgl. Art. 6 GVAG), was wiederum eine Verweigerung der Baubewilligung zur Folge haben kann.

Es handelt sich bei diesem Procedere also um eine Aufgabendelegierung des Staates, die im Sinne des Solidaritätsprinzips erfolgt, da auf diese Weise die Gesamtheit der Versicherten keine unverantwortbaren Einzelrisiken zu tragen hat (vgl. Bloetzer et al. 1998; Fischer 2000).

Die Begutachtung und Ausweisung von Gefahrenzonen wird in Graubünden von regionalen Gefahrenkommissionen durchgeführt. Die grundeigentümerverbindliche Festlegung von Gefahrenzonen sowie die Verabschiedung des bereinigten Gefahrenzonenplanes liegen im Zuständigkeitsbereich der Gemeinden. Erlass und Änderungen der im Zonenplan integrierten Gefahrenzonen bedürfen jedoch der Genehmigung durch die Regierung.

Die Überprüfung, Anpassung und Nachführung der Gefahrenzonenpläne muss bei der Revision von Zonenplänen, bei der Erhöhung bzw. beim Neueintritt der Gefährdung durch Naturereignisse oder aufgrund neuer wissenschaftlicher Erkenntnisse sowie bei der Verminderung der Gefährdung infolge von Schutzmaßnahmen durchgeführt werden (vgl. Art. 13 ff. der Richtlinien für die Gefahrenzonenplanung).

6.4 Fazit

Die Berücksichtigung von Naturgefahren in der Raumplanung, das heißt die Dokumentation, Beurteilung und rechtsverbindliche Festlegung von Nutzungsbeschränkungen in potentiellen Gefahrengebieten zeigt in der Schweiz trotz gleicher gesetzlicher Rahmenvorgaben des Bundes von Kanton zu Kanton deutliche konzeptionelle Differenzen.

Im Kanton Graubünden wurde auf der Grundlage entsprechend konkretisierter kantonaler Gesetzesbestimmungen ein umfassendes Konzept der Gefahrenzonenplanung entwickelt, das eine effektive raumwirksame Umsetzung raumplanerischer Präventionsmaßnahmen erlaubt. Angefangen bei einem konsistenten System gesetzlicher Bestimmungen, über eine nach einheitlichen Kriterien festgelegte, den Anforderungen raumplanerischer Instrumente genügenden Grundlagenerarbeitung bis hin zur Umsetzung der Gefahrenzonenplanung kann das Graubündner System anderen Regionen als Beispiel dienen. Naturgefahrenprävention ist im Kanton Graubünden eine Instanzen übergreifende Aufgabe. Eine fachliche Zusammenarbeit findet vor allem zwischen dem Amt für Raumplanung, dem Amt für Wald, mit der Fachstelle des Tiefbauamtes Graubündens sowie mit der kantonalen Gebäudeversicherungsanstalt statt. Kooperationsbeziehungen existieren zudem mit dem Amt für Zivil- und Katastrophenschutz, der Kantonspolizei und der Rhätischen Bahn.

Aber auch im Kanton Graubünden wird es in Zukunft unumgänglich sein, das bestehende raumplanerische Präventionskonzept in Hinblick auf sich verändernde Rahmenbedingungen zu überprüfen und gegebenenfalls schnell und flexibel anzupassen. Ziel einer effektiven passiven Naturgefahrenprävention muss es sein, das Risiko für Menschen und ihre Sachgüter unter Wahrung der ökonomischen, sozialen und ökologischen Verhältnismäßigkeit mit gezielten raumplanerischen Maßnahmen auf ein Restrisiko zu reduzieren, um die Alpen als sicheren Wirtschafts- und Lebensraum zu erhalten.

Literatur

AMT FÜR RAUMPLANUNG GRAUBÜNDEN (ARP) u. AMT FÜR WALD GRAUBÜNDEN (AfW) (2001): Gefahrenzonen. Planungsrechtliche Umsetzung unter Berücksichtigung der forstlichen Interessen. Chur.

AMT FÜR WALD GRAUBÜNDEN (AfW) (1999): Instruktion und Leitfaden zur Festlegung von Erfassungsbereichen (Internes Papier AfW Graubünden). Chur.

BAUMANN, R. u. BURI, H. (1994): Erfahrungen mit den Richtlinien zur Berücksichtigung der Lawinengefahr. In: Informationsheft Raumplanung 1. Bern. S. 29-30.

BLOETZER, W. ET AL. (1998): Klimaänderungen und Naturgefahren in der Raumplanung. Zürich.

BUNDESAMT FÜR FORSTWESEN (BFF) (1975): Richtlinien zur Berücksichtigung der Lawinengefahr beim Erstellen von Bauten und bei Verkehrs- und Siedlungsplanung. Bern.

BUNDESAMT FÜR FORSTWESEN (BFF) u. EIDGENÖSSISCHES INSTITUT FÜR SCHNEE- UND LAWINENFORSCHUNG (EISLF) (1984): Richtlinien zur Berücksichtigung der Lawinengefahr bei raumwirksamen Tätigkeiten. Davos, Bern.

BUNDESAMT FÜR UMWELT, WALD UND LANDSCHAFT (BUWAL), BUNDESAMT FÜR WASSERWIRTSCHAFT (BWW) UND BUNDESAMT FÜR RAUMPLANUNG (BRP) (1997): Empfehlungen zur Berücksichtigung der Massenbewegungen bei raumwirksamen Tätigkeiten. Bern.

BUNDESAMT FÜR WASSERWIRTSCHAFT (BWW), BUNDESAMT FÜR RAUMPLANUNG (BRP) u. BUNDESAMT FÜR UMWELT, WALD UND LANDSCHAFT (BUWAL) (1997): Empfehlungen zur Berücksichtigung der Hochwassergefahr bei raumwirksamen Tätigkeiten. Bern.

BURREN, S. u. TAVERNA, E. (2001): StorMe. Der Informatikgestützte Ereigniskataster im Kanton Graubünden. In: Bündnerwald 5. Chur. S. 64-72.

CAPREZ, G. (2000): Erfassungsbereiche. In: Bündnerwald 5. Chur. S. 47-49.

EIDGENÖSSISCHES DEPARTEMENT DES INNEREN (EDI) (1952): Richtlinien betreffend Aufforstungs- und Verbauungsprojekte in lawinengefährdeten Gegenden vom 17. Juni 1952. Bern.

FISCHER, M. (2000): Gebäudeversicherung und die Naturgefahren. In: Bündnerwald 5. S. 21-23.

GILGEN, K. (2001): Kommunale Richt- und Nutzungsplanung. Zürich.

GILGEN, K. (1999): Kommunale Raumplanung in der Schweiz. Zürich.

GREMINGER, P. (1998): Vorbeugen ist billiger als heilen. In: Bulletin „Umweltschutz" 3, Artikel 12. Bern. S. 1-3.

GUGGISBERG, C. (1994): Schutz vor Naturgefahren mit Instrumenten der Raumplanung. In: Informationsheft Raumplanung 1. Bern. S. 6-7.

GUGGISBERG, C. u. WEGELIN, F. (1998): Welchen Beitrag können die Instrumente der Raumplanung leisten? Fachtagung Warth (TG): Naturgefahren – Umsetzung in der Raumplanung – Tagungspublikation. Bern. S. 1–3.

KIENHOLZ, H. (1999): Anmerkungen zur Beurteilung von Naturgefahren in den Alpen. In: Relief, Boden, Paläoklima 14. Stuttgart.S. 165–184.

Gesetzliche Grundlagen:

Bundesverfassung der Schweizerischen Eidgenossenschaft (BV)
   vom 18.04.1999 (Stand am 14.05.2002)

Bundesgesetz über die Raumplanung (RPG)
   vom 22.06.1979 (Stand am 22.08.2000)

Bundesgesetz über den Wald (WaG)
   vom 04.10.1991 (Stand am 21.12.1999)

Bundesgesetz über den Wasserbau (WBG)
   vom 21.06.1991 (Stand am 01.01.1995)

Raumplanungsverordnung (RPV)
   vom 28.06.2000 (Stand am 22.08.2000)

Verordnungen über den Wald (WaV)
   vom 30.11.1992 (Stand am 31.07.2001)

Verordnungen über den Wasserbau (WBV)
   vom 02.11.1994 (Stand am 08.02.2000)

Raumplanungsgesetz für den Kanton Graubünden (KRPG)
   vom 20.05.1973 (Stand am 01.01.1998)

Raumplanungsverordnung für den Kanton Graubünden (KRVO)
   vom 26.11.1986 (Stand am 01.01.1998)

Richtlinien für die Gefahrenzonenplanung gemäß Regierungsbeschluss Nr. 969
   vom 06.05.1997 (Kanton Graubünden)

Gesetz über die Gebäudeversicherung im Kanton Graubünden (GVAG)
   vom 12.04.1070 (Stand am 26.11.2002)

Carsten Felgentreff, Daniel Drünkler, Rahmatollah Farhudi, Hasan Masumy Eshkevary

7 Raumplanung und Katastrophenvorsorge: Erfahrungen aus der Provinz Isfahan, Iran

Zusammenfassung:

Die Islamische Republik Iran verfügt bisher über kein rechtlich abgesichertes, politisch gewolltes und institutionell etabliertes System von Raumplanung wie etwa die Bundesrepublik Deutschland oder die Schweiz. In jüngerer Zeit sind allerdings diesbezügliche Bemühungen erkennbar, die im Beitrag skizzenhaft dargestellt werden. Der Stellenwert, den Katastrophenvorsorge im Zusammenhang mit einer solcherart verstandenen und beabsichtigten Steuerung von Wachstumsprozessen im Iran erfährt, ist allerdings als eher niedrig einzustufen.

7.1 Katastrophen im Zusammenhang mit extremen Naturereignissen

Wenn sich so genannte Naturkatastrophen ereignen, wenn im Gefolge extremer Naturereignisse Menschenleben und Sachschäden zu beklagen sind, dann werden die Verluste häufig auf „die Natur" zurückgeführt. Eine derartige Externalisierung der Katastrophengenese unterstellt, die Schäden seien als unabänderlich hinzunehmen, weil ihre Verursachung außerhalb der Gesellschaft liege (Dombrowsky 2001, S. 229-246; Geenen 1995, 1995a, S. 76-186). Dieser Sichtweise steht eine andere entgegen, derzufolge beispielsweise Erdbeben selbst zwar nicht beeinflussbar sind, wohl aber die Höhe der Schäden und Verluste.

Bei genauerer Betrachtung stellt sich heraus, dass die Verluste und Schäden keineswegs eine Funktion der Stärke (Magnitude) des Naturereignisses sind, sondern in hohen Maße abhängen von der Art der Flächennutzung durch den Menschen (Oliver-Smith 1996, Wong und Zhao 2001, Zaman 1999). Ein Erdbeben inmitten einer menschenleeren Wüste ist nach allgemeiner Auffassung keine Katastrophe, und es macht einen erheblichen Unterschied, ob das Erdbeben eine darauf gut vorbereitete Stadt heimsucht oder eine gänzlich unvorbereitete, ob die Gebäude erdbebensicher sind oder nicht, ob die Bewohner im Augenblick des Bebens wissen, wohin sie fliehen können, ob Rettungswege vorhanden sind, ob die unverletzt Gebliebenen die Verschütteten rechtzeitig bergen können, etc. Es gerät manchmal in Vergessenheit, dass Menschen kaum durch das Beben der Erde sterben, wohl aber durch herabfallende Bauteile.

7.2 Katastrophenvorsorge und gedankliche Vorwegnahme

In der Risikoforschung wird immer wieder der Standpunkt vertreten, dass eine Gefahr vor ihrem Eintritt behoben oder gelindert werden könne, wenn vorhersagbar ist, was Schadenbringendes geschehen kann (Wildavsky 1993).

Das Auftreten von Schäden an einem konkreten Ort im Zusammenhang mit einer bestimmten Gefahr (z.B. Erdbeben, Hangrutschung, Hochwasser, Dürre etc.) kann mit Sicherheit nur dann ausgeschlossen werden, wenn der Raumausschnitt nicht genutzt und vor allem nicht besiedelt ist. Ist dies nicht möglich oder erscheint der Nutzenentgang als nicht hinnehmbar, dann kann die Gefahr, dass selbst vergleichsweise schwache Erdbeben mit großen Verlusten und Schäden verbunden sind, durch entsprechende bauliche Maßnahmen (u.a.) verringert werden. All solche in der geographischen Hazardforschung als „Adaptions" begriffenen Anpassungsformen an ein konkretes ökologisches Milieu haben aber einen Nachteil: Sie binden Ressourcen, die damit nicht mehr für andere Ziele, für die Verwendung andernorts oder zu anderen Zeiten zur Verfügung stehen.

In der Regel ist zumindest einigen Bewohnern gefährdeter Gebiete prinzipiell bekannt, dass sich dort Dürren, Erdbeben, Hangrutschungen, Überschwemmungen usw. ereignen können – nur der Zeitpunkt, zu dem sich solche extremen, natürlichen Ereignisse wiederholen werden, ist ungewiss (Hewitt 1983). Es wäre allerdings leichtfertig, aus dieser Ungewissheit abzuleiten, Katastrophenvorsorge sei verzichtbar. In jenen Fällen, bei denen die zur Rede stehende Gefahr bekannt ist (sei es den Bewohnern des gefährdeten Areals, sei es Entscheidungsträgern) und Prävention trotzdem unterbleibt, dann ist dies weniger ein Problem der Umweltwahrnehmung als vielmehr eine Frage der Prioritätensetzung.

7.3 Räumliche Planung und Katastrophenvorsorge

Katastrophenvorsorge ist ein weites Feld, es umfasst vielfältige Maßnahmen zur Vermeidung von Katastrophen sowie zur Linderung von Katastrophenfolgen – so u.a. die Aufklärung der Bevölkerung über die möglichen Gefahren und geeignete Verhaltensmaßnahmen, bauliche Vorsorge, soziale Sicherungsmaßnahmen für den Schadensfall, die Vorbereitung auf den Katastrophenfall (Evakuierungs- und Notfallplanung). Katastrophenvorsorge im weiteren Sinne kann auch – ganz allgemein – die Bekämpfung von Armut meinen. Und ebenso kann der Raumplanung ein nicht zu unterschätzender Stellenwert im Rahmen einer umfassenden Katastrophenvorsorge beigemessen werden (Eikenberg 1996; Greiving 1999, 2002; Kreutner, Kundermann und Mukerji 2003; Pohl 2001, 2003).[51] Aufgabe der Raumplanung wäre dabei, bei der Verwirklichung von Entwicklungzielen mögliche Schäden durch extreme Naturereignisse zu antizipieren und steuernd einzugreifen. Das diesbezügliche Ziel ist, die Katastrophenanfälligkeit und Verwundbarkeit der Bevölkerung der zur Rede stehenden Risikogebiete nach Möglichkeit zu minimieren (Berke 1998).

---

[51] Wenn in Deutschland in den letzten Jahren vermehrt Forderungen wie "Hochwasserflächenmanagement statt Hochwassermanagement" (Kleeberg und Rother 1996) erhoben werden, dann ist damit nicht zuletzt die Raumplanung angesprochen.

Zwar ist es im allgemeinen (selbst *nach* einer Katastrophe) nur in Ausnahmefällen möglich, die Inwertsetzung besonders gefährdeter Gebiete rückgängig zu machen – etwa durch Umsiedlung (im Sinne einer „dauerhaften Evakuierung") ganzer Städte aus Risikogebieten (Passerini 2000) – doch in jenen Fällen, in denen erhebliche Investitionen auf bisher wenig genutzten Flächen noch bevorstehen, könnten zukünftige Schäden durch extreme Naturereignisse durch Raumplanung verhindert oder zumindest vermindert werden.

Als Grundlage müsste die Gefährdung räumlich differenziert erfasst werden, um dann in planerische Entscheidungskalküle überführt werden zu können. Die Ermittlung überschwemmungsgefährdeter Lagen in Stromtälern ist methodisch vergleichsweise unproblematisch, in manchen Fällen gilt dies auch für das Erkennen der Gefährdung durch gravitative Massenbewegungen. Bezogen auf handlungsrelevante Zeiträume (d.h. Jahre und Jahrzehnte, nicht aber Jahrtausende), ist die Bestimmung der Erdbebengefährdung einer Lokalität mit wesentlich größeren Unsicherheiten behaftet. Doch gerade dort, wo auf eine lange Tradition schriftlicher Überlieferungen zurückgeblickt werden kann, sind die in der Vergangenheit von besonders heftigen und häufigen Beben betroffenen Regionen prinzipiell bekannt.

Wie auch andere Entwicklungsziele, etwa das der so genannten Nachhaltigkeit, steht das Entwicklungsziel Katastrophenvorsorge anderen Entwicklungszielen häufig unversöhnlich entgegen. Es hat im Planungsprozess eher wenig Fürsprecher und trifft selten auf ausgeprägtes Interesse, weder bei der betroffenen Öffentlichkeit, noch bei der Mehrzahl der Fachleute und Entscheidungsträger (Berke 1998, S. 78-80). Viele räumliche Entwicklungen scheinen unaufhaltsam oder werden aus anderen Gründen planerisch befürwortet, auch wenn sie dem Entwicklungsziel verringerter Katastrophenanfälligkeit tendenziell entgegenstehen. Doch zeigen zahlreiche in den letzten Jahren im deutschsprachigen Raum erschienene Arbeiten, dass Katastrophenvorsorge durch Raumplanung möglich und (vor allem in Hinblick auf Überschwemmungen) durchaus erfolgversprechend ist (Kampe 1997, LAWA 1999).

Im Folgenden soll anhand eines Fallbeispiels angedeutet werden, wie Raumplanung (auf Provinzebene) in der Islamischen Republik Iran durchgeführt wird, welche Instrumente dabei zur Anwendung kommen, welcher Stellenwert dabei dem Entwicklungsziel Katastrophenvorsorge (v. a. mit Blick auf so genannte Naturkatastrophen) zukommt und welche Probleme und Konflikte sich dabei abzeichnen. Vorauszuschicken ist, dass große Teile des iranischen Territoriums – bekanntermaßen – erdbebengefährdet sind.

7.4 Raumplan in der Islamischen Republik Iran

Die hier zugrunde gelegte Perspektive versteht als Gegenstand der Raumplanung die räumliche Ordnung bzw. die Lösung räumlicher Probleme (Lendi und Elsasser 1986, S. 169; Spitzer 1995, S. 14).
Räumliche Planung ist Bestandteil „gesellschaftlicher Regulation" (Stephan Lanz 1996 S. 15). Die gesellschaftlichen Funktions- und Entwicklungsbedingungen sowie der physische Raum bilden den Rahmen für die Raumplanung. Das Raumordnungssystem ist somit abhängig von der vorherrschenden institutionellen

Gestalt eines Staates und wird maßgeblich von der Politik bestimmt (Fürst 2001, S. 25).

Die folgende Darstellung des räumlichen Planungssystems der Islamischen Republik Iran bezieht sich vorrangig auf den öffentlichen Sektor und untersucht das räumliche Planungssystems als Teil staatlicher Institutionen (Fürst 2001, S. 9; Lendi 1996, S. 32): *„Diese hat die Aufgabe, das Gemeinschaftsleben und die Nutzung des Raumes entsprechend den politischen Zielen möglichst zweckmäßig zu ordnen."* (Spitzer 1995, S. 14)

Dementsprechend soll im Rahmen dieser Arbeit im Besonderen dem Einfluss von politisch-administrativen Rahmenbedingungen im Bereich der Raumplanung Beachtung geschenkt werden.

7.5 Verwaltungsrechtliche Strukturen

Der Iran ist administrativ in 28 Provinzen (Ostan), 299 Bezirke (Sharestan), 794 Kreise (Baksh) und 889 Städte (>5000 Einwohner) sowie 2305 ländliche Siedlungen (Dehestan) unterteilt (Iran Statistical Yearbook 2002) und verwaltungsrechtlich und -organisatorisch zentralstaatlich organisiert. Politisches Macht- und Entscheidungszentrum des Landes ist die Hauptstadt Teheran.

Mit Beginn der Industrialisierung des Landes in den 1920-er Jahren des vergangenen Jahrhunderts unter Reza Schah wurde der zentralistische Staatsaufbau etabliert und durch seinen Sohn Mohamed Reza Schah ausgebaut. Auch die islamische Revolution von 1979 änderte nichts an dieser zentralstaatlichen Struktur (Amirahmadi 1986, S. 504).

Den Provinzen ist im Bereich der räumlichen Planung jegliche autonome Selbstverwaltung verwehrt. In der Verfassung ist die Beteiligung der Bevölkerung an der politische Willensbildung auf jeder Ebene (Provinzen, Bezirke, Gemeinden) zwar mittels Räte(-wahlen) normiert (Artikel 100 der Verfassung)[52]. Doch sowohl die Tatsache, dass die Ernennung der Provinz-Gouverneure durch den Innenminister erfolgt als auch seine machtpolitische Stellung stehen einer autonomen Selbstverwaltung auf Provinzebene diametral entgegen (vgl. Artikel 103 Verfassung). Des Weiteren liegt die Gesetzgebungskompetenz beim nationalen Parlament (Artikel 71), die Provinzvertretung ist lediglich befugt Gesetzesvorlagen zu unterbreiten (Artikel 102).

Auch die Städte und dörflichen Siedlungsverbände (Dehestan) verfügen nur über eine eingeschränkte Rechtsautonomie. Ihre Position kann nicht mit den Rechten und Pflichten deutscher Gemeinden als kommunale Selbstverwaltungskörperschaften verglichen werden. Die zentralstaatliche Entscheidungs- und Organisationsstruktur setzt sich bis zur untersten räumlichen Ebene fort. Zwar wurden in den ersten Kommunalwahlen (1999) Volksvertreter bestimmt und somit grundlegende Elemente kommunaler Selbstverwaltung eingeführt, doch sind diese Volksvertreter nicht mit Durchsetzungskraft ausgestattet – ihr Einfluss etwa auf die bauliche Entwicklung ist gering.

---

[52] Constitution of the Islamic Republic of Iran.

7.6 Grundzüge des iranischen Raumplanungssystems

Ansätze zur Erarbeitung einer landesweiten Raumordnung und Raumplanung für den Iran reichen etwa 50 Jahre zurück (Nejad 2000). Erfolge wurden bisher allerdings nur in Teilbereichen erzielt.

Im Juli 2000 wurde die Leitungs- und Planungsorganisation (Sazman Modiriat va Barnamehrisy bzw. Management and Planning Organization – M.P.O.) geschaffen. Diese Behörde nimmt verschiedene Funktionen wahr, ist jedoch primär für alle raumrelevanten Planungen verantwortlich. Sie ging aus der früheren Planungs- und Budgetorganisation und der staatlichen Organisation für Verwaltung und Arbeit (State Organization for Administrative and Employment Affairs) hervor und wird vom Vize-Präsidenten der Islamischen Republik Iran geleitet. Sie besteht aus verschiedenen administrativen Untereinheiten. Dazu zählen auch die 28 Leitungs- und Planungsbüros auf der Provinzebene.

Ihre rechtliche Legitimation erfährt die M.P.O. auf der Grundlage des Artikels 126 der iranischen Verfassung:
„The President shall be directly responsible for the State Plan and Budget, and Adminsitrative and Civil Services Affairs of the Country. He may delegate their administration to others."[53]

Die Leitungs- und Planungsorganisation ist als Verwaltungseinheit Teil der Exekutive. Sie untersteht der nationalstaatlichen Regierungsgewalt, ist in der Hierarchie jedoch den Ministerien übergeordnet. Zu ihren Aufgaben zählt unter anderem das Aufstellen der nationalen 5-Jahrespläne (National Socialeconomic and Cultural Development Plan) sowie die Kontrolle ihres Vollzuges durch die Ministerien. Die Pläne erlangen durch Bestätigung seitens des islamischen Parlaments (Majles ye-Shura-ye-Eslami) Rechtsverbindlichkeit für alle nachgeordneten Verwaltungseinheiten (Nejad 2000, S. 1). Sie bestimmen zudem über die Verteilung der Finanzen. Auf ihrer Grundlage werden durch die M.P.O die jährlichen finanziellen Mittel an die Ministerien und Provinzen zugewiesen. Trotz dieser starken verwaltungsrechtlichen Stellung liegen Formulierung und Vollzug der verschiedenen raumrelevanten Zielvorstellungen (Fachpläne) in den Händen der jeweils fachlich zuständigen Ministerien. Es handelt sich somit nicht um rein zentralistische, sondern auch um sektoral organisierte Entscheidungsstrukturen.
Dem Agrarministerium (Ministry of Jihad –e– Keshavarzi) zum Beispiel obliegt die Verantwortung nicht nur direkt in den Bereichen der Landwirtschaft, vielmehr umfasst diese alle Bereiche des ländlichen Lebens. In diesen sehr weitgefassten Zuständigkeitsbereich des Agrarministeriums fällt auch die dörfliche Siedlungsstruktur. Das Ministerium für Städtebau (Ministry of Housing and Urban Development) trägt demgegenüber die Verantwortung für den städtischen Siedlungsraum. Die Formulierung eines konsensfähigen räumlichen Entwicklungs- bzw. Ordnungsplans ist unter diesen Bedingungen nur schwer realisierbar, zumal die einzelnen Ministerien zunächst ihre Prioritäten unabhängig von den Zielen der anderen Fachressorts festlegen. Die vielfach konträren Zielvorstellungen der jeweiligen Ministerien werden in Form von Plänen der Leitungs- und Planungsorganisation

---

[53] Constitution of the Islamic Republic of Iran, Seite 46 (1999).

vorgelegt. Diese wägt sie entsprechend ihren Vorstellungen ab. Der Gesamtentwurf des nationalen Entwicklungsplans wird dann dem Parlament zur Entscheidung vorgelegt.

Eine querschnittsorientierte Raumplanung wie in Deutschland ist nicht vorhanden. Der Abwägungsprozess innerhalb der Leitungs- und Planungsorganisation wird nicht von einem gesetzlich normierten Rahmen, wie zum Beispiel dem Raumordnungsgesetz in Deutschland, geleitet, sondern findet in von den Machtpositionen der einzelnen Ministerien bestimmten Verhandlungen statt. Die räumliche Ordnung und Entwicklung wird damit von einer Vielzahl einzelner sektoraler Fachplanungen der jeweils zuständigen Ministerien bestimmt.

Auch in Deutschland sind den Möglichkeiten der Einflussnahme auf die räumliche Ordnung durch die Raumordnungsinstanzen Grenzen gesetzt. Doch bewirken das Fehlen sowohl einer "echten" Raumordnungsinstanz als auch eines rechtlich verbindlichen Rahmens für die räumliche Ordnung und Entwicklung im Iran, dass sich dort eher kurzfristige sektorale Entwicklungs- und Ordnungsstrategien durchsetzen können. Insgesamt besteht somit die Gefahr, dass die räumliche Entwicklung sehr direkt die gesellschaftlichen Machtsymmetrien widerspiegelt (vgl. Asghari 1997, S. 72 ff.)

7.7 Planung auf der Ebene der Städte

Ein gewisser, von der Planungshierarchie unabhängiger gestalterischer Einfluss auf die räumliche Entwicklung kommt innerhalb ihrer administrativen Grenzen nur den Städten zu. Im Gegensatz zu den Städten gibt es für dörfliche Siedlungen keine spezifischen gesetzlichen Grundlagen. Rechte und Pflichten der Stadtverwaltung sind in den „Gesamtgesetzen der Stadt und Stadtverwaltung" normiert. Die baurechtlichen Vorschriften gelten natürlich nur innerhalb der „administrativen Grenzen" der Städte. Die faktisch unkontrollierte Ausdehnung der städtischen Siedlungsfläche erfolgt jenseits der (administrativen) Stadtgrenzen, also in ländlichen Gebieten, in denen baurechtliche Vorschriften nicht vorgesehen sind und wo Bautätigkeit deshalb keiner Genehmigungen bedarf. Wo dieser Art von Bodenspekulation rechtliche Vorschriften entgegenstehen, finden sich Mittel und Wege, diese zu umgehen.

Die im § 55 der „Gesamtgesetze der Stadt und Stadtverwaltung" normierten Aufgaben der Stadtverwaltung lassen sich als Verpflichtung dem Gemeinwohl gegenüber interpretieren. In diesem Abschnitt wird unter anderem die Erteilung von Baugenehmigungen und die Entwicklung von Schutzmaßnahmen vor Unwettern und Feuer sowie die Beseitigung der damit verbundenen Gefahren an Gebäuden genannt. Der Großteil solcher Regelungen berührt zwar nur baurechtliche Maßnahmen, dennoch besitzen sie für die Katastrophenvorsorge eine immense Bedeutung. Fehler der Raum- und Entwicklungsplanung können dadurch nicht rückgängig gemacht werden, doch könnte man durch gezielte baurechtliche Vorschriften bzw. Auflagen Katastrophenschäden mindern.

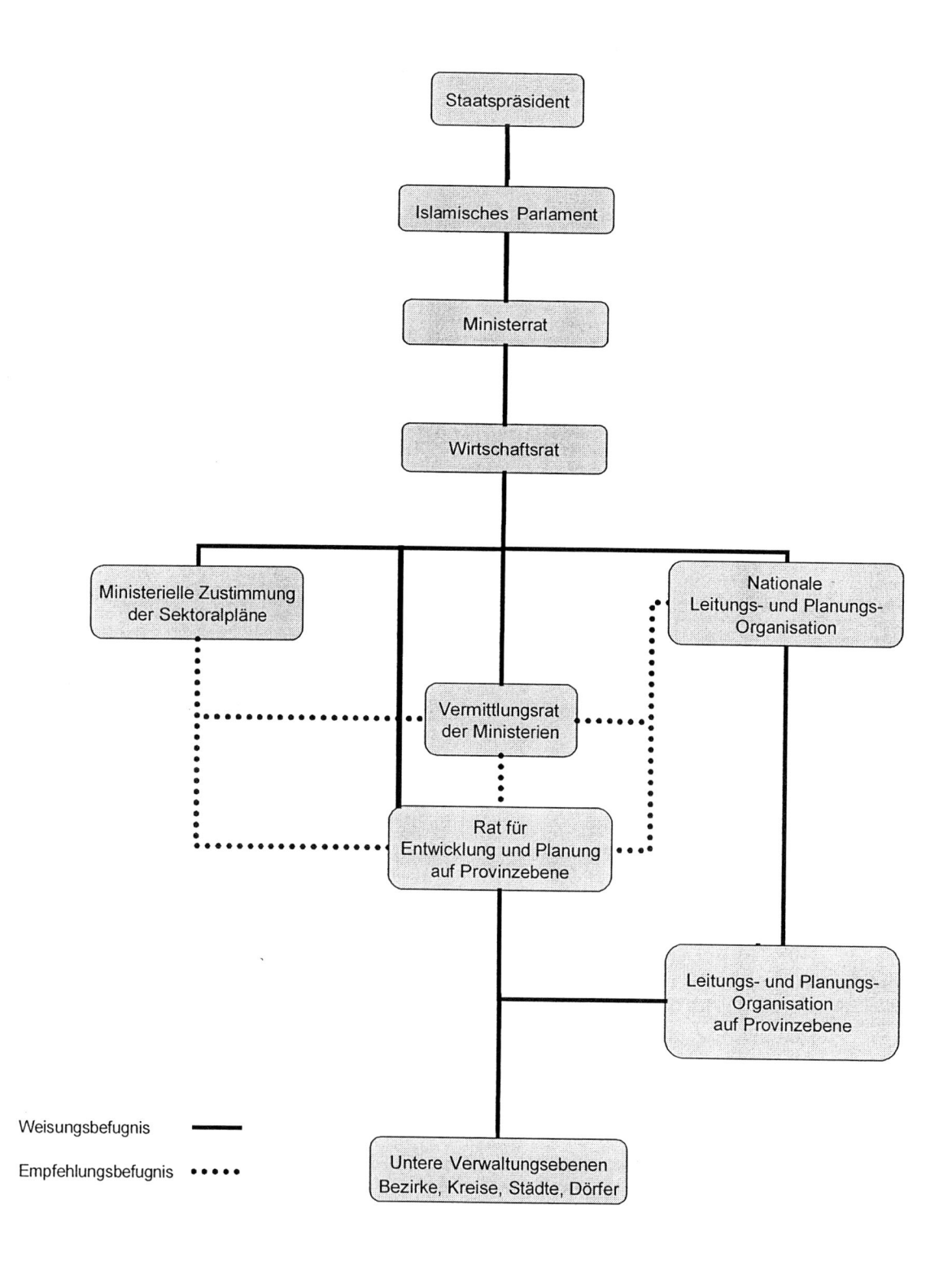

Abb. 1: Planungssystem der Islamischen Republik Iran
Quelle: Amiradi 1986, S. 520 (eigene Überarbeitung).

Die Ursachen für die Probleme der Städte im Bereich der Infrastruktur, der Umweltverschmutzung oder auch der Gefahrenvorsorge liegen nicht so sehr in den fehlenden gesetzlichen Grundlagen, sondern vor allem im Bereich des Vollzugs. Wiederholt ist darauf hingewiesen worden, dass die Organisation auf der kommunalen Ebene nicht selten geprägt ist von mangelnder Koordination, von Korruption, unzureichenden Kontrollmechanismen und unqualifiziertem Verwaltungspersonal (Bahmani 1994, S. 40; Mahabadi 1985; Shahi-Djunghani 1989).

Diese skizzenhafte Darstellung des iranischen Planungssystems soll nun anhand eines Fallbeispiels auf Provinzebene veranschaulicht werden.

7.8 Räumliche Entwicklungsplanung in der Provinz Isfahan

Primäres Ziel der räumlichen Planung auf der Provinz- wie auf der Landesebene ist die Forcierung der sozioökonomischen Entwicklung des Landes. Dabei gilt es vor allem in den wirtschaftlich rückständigen Teilen des Landes eine Entwicklung zu induzieren (fördern). Zur Verfolgung dieses Zieles wird, die schon in den 70er Jahren für das Land angewandte, Strategie der Wachstumspole (Amirahmadi 1986, S. 513 ff.) auf die Provinzen übertragen. Es steht nun aber neben der Dezentralisierung von Teheran die der Provinzhauptstädte im Mittelpunkt der planerischen Bemühungen.

Seit einigen Jahren werden in der Islamischen Republik Iran neben den entwicklungspolitischen Zielsetzungen auch grundsätzliche Leitideen wie der Schutz von Natur und Landschaft diskutiert. Vor allem die unkontrollierte Ausdehnung von Siedlungsflächen zu Ungunsten von landwirtschaftlichen Nutzflächen ist als Problem erkannt worden. Zu den erklärten und weitgehend akzeptierten Entwicklungszielen gehört, für die Landwirtschaft geeignete Flächen zukünftig vor Industrieansiedlungen und Siedlungsausdehnung zu schützen, vor allem dort, wo Bewässerungsfeldbau möglich ist.

Das zentrale Leitungs- und Planungsbüro in Teheran hat im Jahre 2000 Vorgaben erarbeitet, die als Vorstufe eines nationalen Raumordnungsplanes angesehen werden können. Dieser Entwurf entspricht etwa dem auf Länderebene bekannten Landesentwicklungsplan in Deutschland. Darin finden sich Vorgaben zu den gewünschten zukünftigen räumlichen Schwerpunkten von Industrieansiedlung sowie Angaben zu der wahrscheinlichen zukünftigen Entwicklung von Städten. Verbindlich sind diese Vorgaben allerdings nicht, und sie enthalten auch keine Hinweise auf Naturgefahren wie Erdbeben, Hangrutschungen oder Überschwemmungen.

Die Raumplanung auf Provinzebene wird – wie oben angedeutet – sehr stark von sektoralen nationalstaatlichen Entscheidungen bestimmt. Mit In-Kraft-Treten des dritten nationalen Entwicklungsplans wird der Planung auf Provinzebene erstmals mehr Beachtung geschenkt. Die ungenügende Entfaltung einer Steuerungswirkung von zentralstaatlichen Institutionen auf die räumliche Ordnung und Entwicklung führte zur Etablierung eines Rates für Planung und Entwicklung auf der Provinzebene. Mitglieder dieses Rates kommen aus verschiedenen Bereichen des öffentlichen Lebens, z.B. von den kommunalen Volksvertretungen, von den verschiedenen Ministerien oder auch von den Universitäten. Somit sind sie ungefähre Entsprechungen der Träger öffentlicher Belange in Deutschland. Vorsitzender des Rates ist der Provinz-Gouverneur (Osthandart). Damit ist zumindest indirekt weiterhin eine Kontrolle und gezielte Einflussnahme durch den Nationalstaat möglich. Aufgabe dieses Gremiums besteht in der Vorbereitung des Raumordnungsplans sowie des 5-Jahres-Entwicklungsplans auf Provinzebene, der sich nach den Zielvorgaben des Nationalen Entwicklungsplans zu richten hat. Die Entscheidungen über die Vergabe der finanziellen Mittel werden nicht in der Provinz, sondern in Teheran getroffen. Die Dezentralisierung der politischen Entscheidungsgewalt und die Etablierung von Partizipationsmöglichkeiten sind wahrscheinlich zu begrüßen. Solange eine autonome Entscheidungsfreiheit innerhalb der Provinz weiterhin nicht gegeben ist (Bruns 2002) können diese Änderungsbestrebungen u. E. erst als vorsichtige Versuche gelten.

Ein gesetzlich normiertes Gegenstromprinzip wie in Deutschland ist in der Islamischen Republik Iran nicht existent. Die einzelnen Verwaltungseinheiten auf den Ebenen der Provinzen, der Bezirke (Sharestans), der Kreise (Bakshes), der Städte (Cities) und der ländlichen Siedlungsverbände (Dehestans) können ihre Vorschläge für oder auch Einwände gegen räumliche Planungen zwar darlegen, aber es fehlt ihnen die Rechtsposition sowie die notwendige finanzielle Autonomie um sich durchzusetzen. Dass Vorschläge an viele verschiedene staatliche Organisationen (die jeweils zuständigen Ministerien) zu richten sind, kommt erschwerend hinzu.

Der Einfluss dieser Struktur spiegelt sich auch in der Durchführung von konkreten raumrelevanten Vorhaben wieder. Die Leitungs- und Planungsbüros auf Ostan-Ebene vergeben einzelne Projekte an Dritte. Nach Abschluss der Planungsprojekte bedürfen diese der Bewilligung. Dazu lädt das Leitungs- und Planungsbüro, welches den Auftrag erteilt hat, Vertreter der Provinz-Ministerien sowie der betroffenen Sharestan ein. Bürgerbeteiligung ist nicht vorgeschrieben, jedoch möglich. Findet das Vorhaben die Zustimmung dieses Gremiums, bedarf es der abschließenden Verabschiedung durch Ministeriumsvertreter auf Republikebene in Teheran.

Dieses Verfahren wird durch die fehlenden Gesetzesgrundlagen und Verwaltungsvorschriften, die u. a. die Zuständigkeiten verbindlich regeln, sowie durch den Mangel an entsprechend ausgebildetem Personal und an aktuellen räumlichen Informationen, etwa zur derzeitigen Landnutzung, erschwert.

7.9 Die Situation im Ostan Isfahan

Die Provinz Isfahan ist 107 000 km² groß, wovon mehr als drei Viertel Wüstengebiet sind. Die Einwohnerzahl betrug 1996 ca. 4 Mio. Personen, wovon allein 1.050.000 Menschen in der Stadt Isfahan lebten. Das natürliche Bevölkerungswachstum beträgt derzeit etwa 1,7% p.a., durch Zuwanderung erhöhte sich das Bevölkerungswachstum während der Periode von 1996 bis 2001 auf etwa 1,9% p.a. (Iran Statistical Digest 1379, S. 2, 5; Sazman Modiriat va Barnamehrisy Isfahan 2002).

Im Jahre 2001 startete im Auftrag des Leitungs- und Planungsbüros (Sazemane Modiriat va Barnaherisy Isfahan) ein Modellprojekt zur Erarbeitung eines Landesentwicklungsplans für die Provinz Isfahan. Dieser Plan soll sich an seinem deutschen Pendant orientieren. D. h., neben einer Bestandsanalyse sowie der Feststellung von Entwicklungsmöglichkeiten sollen auch gesetzliche Grundlagen für seine verwaltungstechnische Umsetzung erarbeitet werden. Damit können verbindliche Ziele und Grundsätze als Rahmen für Maßnahmen der einzelnen Ministerien geschaffen werden. Mit Hilfe der raumplanerischen Instrumente der Vorrang- oder Vorbehaltsgebiete können zum Beispiel Nutzungskonflikte zwischen Landwirtschaft und Industrie schon im Vorfeld der eigentlichen Planungen minimiert werden.

Nur mit Hilfe eines fachübergreifenden Raumordnungsplans lassen sich sektoral verursachte Fehlplanungen, wie sie im Bereich des Stahlwerks in Pulad-Schar von Alireza Araghtschini (1990) beschrieben wurden, überwinden.

Vorgaben zur Vorgehensweise und zu den zu berücksichtigenden Daten wurden durch die Auftraggeber nicht gemacht. Obwohl zunächst umfangreiche Vorarbeiten bei der Datenbeschaffung und -integration zu leisten waren, sollten alsbald Vorschläge für die zukünftige Entwicklung, etwa hinsichtlich Industrieansiedlungen und Siedlungsausdehnung, erarbeitet werden.

Bei der Planerstellung wurde ein Entwurf im Maßstab 1:250 000 erarbeitet. Die verfügbaren geologischen und topographischen Informationen wurden in einem geographischen Informationssystem (GIS) erfasst. Die Dichte der Informationen ist dabei teilweise sehr unterschiedlich, so liegen etwa bodenkundliche Daten nur für Gebiete außerhalb der Wüste vor. Berücksichtigt wurden auch Informationen zu Überschwemmungen und Erdbeben, die das staatliche Geological Survey (Sazemane Zaminshenasi) vor mehr als zehn Jahren im Maßstab 1:1 Mio zusammengetragen hat. Auch Daten zur Bodennutzung, der Ausdehnung der Siedlungen und zu Verkehrswegen mussten zunächst digitalisiert werden; leider entstammen auch die neuesten diesbezüglichen Informationen aus Satellitenbildern, die vor mehr als zehn Jahren entstanden sind.

Zur Festlegung qualitativer Ziele wurden die solcherart gewonnenen Karten mit ca. 20 Experten im Rahmen einer gemeinsamen Sitzung diskutiert. Die Verständigung über Entwicklungsziele ergab weitreichenden Konsens hinsichtlich des Schutzes der landwirtschaftlichen Nutzflächen: Städtebau und Industrieansiedlung soll nach Möglichkeit nur noch auf Flächen erfolgen, die weniger gut für landwirtschaftliche Zwecke geeignet sind. Andere Ziele, etwa die Lenkung von Investitionen in nicht überschwemmungs- und weniger erdbebengefährdete Gebiete, sind ebenfalls konsensfähig, werden allerdings in der Praxis nachrangig verfolgt.

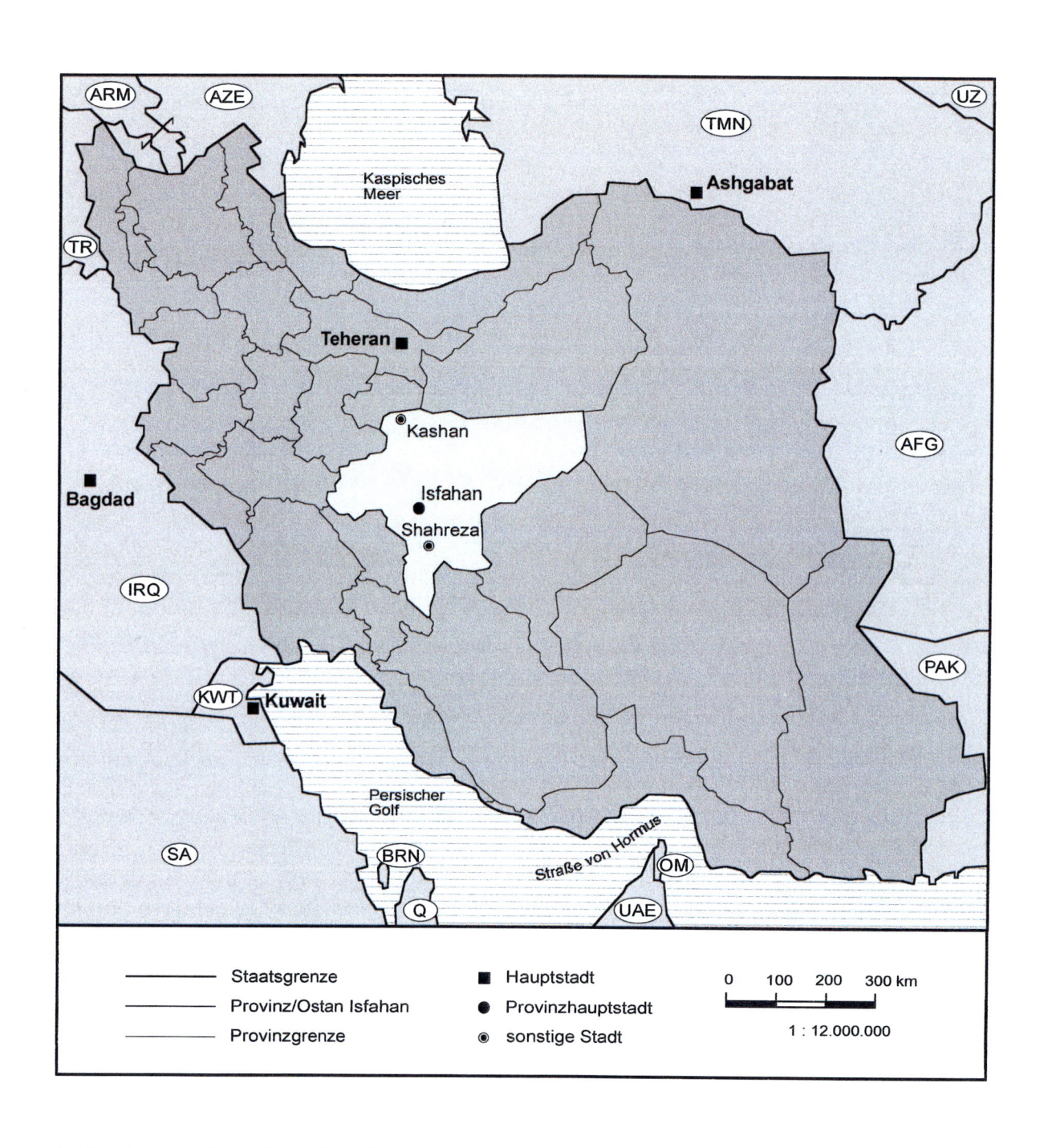

Abb. 2:   Iran: Provinz/Ostan Isfahan
Kartographie: Ramona Winter, Potsdam

Die Spezifizierung und Quantifizierung der Entwicklungsziele wurde im nächsten Schritt von den Projektbearbeitern vorgenommen, um dann erneut von Experten beurteilt zu werden. Im Vordergrund der Überlegungen standen dabei die folgenden Kategorien:
- Bevölkerungswachstum (in städtischen und ländlichen Gemeinden sowie der nomadischen Bevölkerung),
- Entwicklung der landwirtschaftlichen Nutzfläche (differenziert nach Grün- und Ackerland sowie bewässerten Flächen),
- Industrie (Schwerindustrie; Verarbeitung von Nahrungsmitteln, Textilindustrie u.a.),
- Energieversorgung (Gas, Elektrizität, Öl),
- Wasserversorgung,
- Infrastruktur (Verkehrswege wie Straßenbau, Kommunikationseinrichtungen wie Telefon),
- Fremdenverkehr (Potenziale der Stadt Isfahan sowie anderer Städte bzw. der ganzen Region; Achsen touristischer Nutzung).

Dabei wurden vier Alternativ-Szenarien der räumlichen Entwicklung während der nächsten zehn bis 20 Jahre zugrunde gelegt bzw. konstruiert:

Die Agglomeration Isfahan entwickelt sich so dynamisch weiter wie bisher, d.h. in demographischer und in ökonomischer Hinsicht konzentriert sich das Wachstum weiterhin in der Stadt. Das Umland und die umliegenden Städte können an diesem Prozess zwar nicht in gleichem Maße teilhaben, jedoch einen eigenständigen, stabilen Entwicklungspfad beibehalten.

Die Agglomeration Isfahan entwickelt sich prinzipiell so weiter wie bisher, allerdings konzentrieren sich die Wachstumsprozesse hier zu Ungunsten der umliegenden Städte, die sich zunehmend mit Stagnation oder gar mit negativem Wachstum konfrontiert sehen.

Einige Städte außerhalb des Ballungsraums Isfahan – und zwar vor allem Kashan und Shahresa – werden das Wachstum auf sich konzentrieren und zu einer Entlastung des Wachstumspols Isfahan beitragen.

Alle Klein- und Mittelstädte gleichermaßen werden sich entwickeln, nicht aber die Agglomeration Isfahan selbst.

Im Ergebnis zeigte sich, dass die befragten Experten eine Mixtur des dritten und vierten Szenarios unter Würdigung aller Umstände für die „beste Lösung" hielten. Das hieße, vor allem die Klein- und Mittelstädte der gesamten Provinz (mit bis zu 75 000 bzw. bis zu 250 000 Einwohnern) müssten eine bisher beispiellose Aufwertung und Förderung erfahren. Davon unabhängig sollten im Interesse der Entwicklungsbedingungen der gesamten Provinz ausgewählte Entwicklungsachsen gefördert werden. All dies zu erreichen hieße allerdings, die bisher wirksamen Trends räumlicher Entwicklung in der Provinz grundlegend umzukehren.

Als Steuerungsinstrument kommen dabei vor allem die Investitionen der öffentlichen Hand in Betracht, etwa im Wohnungs- und Straßenbau. Die Landwirtschaft kann durch Ausbau der Wasserversorgung gefördert werden, die

Entwicklung des Tourismus bedarf der Investition in entsprechende Einrichtungen, usw. Industrieansiedlungen sind ebenfalls prinzipiell steuerbar, entweder über den Bodenpreis oder über die benötigte Erlaubnis zur Ansiedlung, die in den dafür nicht vorgesehenen Regionen (eigentlich) nicht erteilt werden darf. Dass viele dieser Versuche der Steuerung räumlicher Entwicklungsprozesse auf Widerspruch stoßen, sowohl seitens betroffener Kommunen als auch seitens einzelner Behörden, ist anzunehmen. Die Entwicklung eines vollzugsfähigen Rechtsrahmens stellt eine der größten Herausforderungen im Rahmen dieses Projekts dar. Der starke rechtlich garantierte Schutz des Privateigentums steht einer staatlichen Einflussnahme entgegen. Zum Beispiel scheiterten die Versuche im Großraum Isfahan großflächig eine Flurbereinigung durchzuführen an den Widerständen der Bauern.

Zu den Städten, die gemäß dieses Entwicklungskonzeptes des Ostan Isfahan besonders in ihrer Entwicklung gefördert werden und zur Entlastung Isfahans beitragen sollen, gehört Kashan. Dort, etwa 220 km nördlich der Provinzhauptstadt, gibt es nur wenig landwirtschaftliche Nutzfläche, die einer Erweiterung des Siedlungsgebietes entgegenstände – die Stadt, die sich um eine Oase gebildet hat, liegt am westlichen Rand der Wüste Dasht-e-Kavir. Derzeit leben in Kashan etwa 200 000 Einwohner, im Jahr 2020 sollen es 400 000 sein. Viel der dann benötigten Infrastruktur, die andernorts erst noch eingerichtet werden müsste, ist bereits vorhanden. Es gibt bereits Textil- und andere Industrien sowie bedeutsame Teppichmanufakturen. Kashan ist durch eine Autobahn mit Teheran verbunden (die nach Isfahan soll noch gebaut werden) und verfügt über eine gute Anbindung an den Norden und Nordwesten des Landes. Zuversichtlich ist man auch hinsichtlich der Wasserversorgung, die durch die Umleitung von zwei Flüssen (Karun und Dez) gesichert werden soll, die derzeit noch vom westlich der Stadt gelegenene Gebirge in Richtung Persischer Golf fließen. Die folgende Tabelle 1, die die Einwohnerzahlen von 1966 bis 1996 für vier Städte im Bezirk Kashan wiedergibt, zeigt die sehr unterschiedlichen Wachstumsdynamiken.

Tabelle 1: Entwicklung der Einwohnerzahlen ausgewählter Siedlungen im Bezirk (Shahrestan) Kashan

Jahr	Kashan	Gamsar	Niyasar	Jukan
1966	58.468	3.103	2.083	4.955
1976	84.863	3.551	2.591	7.110
1986	138.599	4.037	2.741	6.787
1996	201.372	3.948	2.343	6.288

Quelle: Sazman Modiriat va Barnamehrisy Isfahan 2002.

Den Zahlen in Tabelle 1 zufolge hat sich das Bevölkerungswachstum in den letzten Dekaden damit vor allem in der Stadt Kashan konzentriert, wohingegen die umliegenden Siedlungen nur moderat gewachsen sind, zum Teil vorübergehend sogar Rückgänge verzeichneten. Die Bevölkerungszahl Kashans wuchs von 1966 bis 1996 kontinuierlich und hat sich während dieses Zeitraums mehr als verdreifacht. Dabei sind große Viertel mit Kleinhäusern entstanden, nicht jedoch Spontansiedlungen.

Angesichts dieser guten Ausgangsbedingungen in Kashan ist in den Hintergrund getreten, dass die Stadt in einer bekanntermaßen erdbebengefährdeten Region liegt. Isfahan, das durch die Förderung Kashans entlastet werden soll, ist in der Vergangenheit hingegen nicht als besonders erdbebengefährdet in Erscheinung getreten. Wenn die bisher beobachtete seismische Aktivität in ihrer räumlichen Differenzierung auch für die Zukunft gelten sollte (was in der Regel angenommen wird), dann ist die Bevölkerung in Kashan stärker gefährdet als in Isfahan. Im 16. Jahrhundert gab es große Zerstörungen durch ein Erdbeben, und das große Beben im Jahre 1778 brachte zahlreiche Gebäude zum Einsturz, die Tausende von Toten unter sich begruben. Im letzten Jahrhundert wurde als einzig „nennenswertes" Beben (4,5 auf der Richter-Skala, Tote waren nicht zu beklagen) das am 21. Dezember 1963 registriert.

Aus der Perspektive der Katastrophenvorsorge ist eine solche Lenkung von Entwicklung hin in stärker gefährdete Gebiete wenig wünschenswert. Zumindest sollten sie von entsprechenden weiterreichenden Maßnahmen wie der Durchsetzung von strengeren Bauvorschriften komplementiert werden. Ob dann die oben angedeuteten Kostenvorteile, die in das planerische Kalkül eingegangen sind, noch Gültigkeit haben, wäre zu überprüfen.

Resümee

So überraschend viele der so genannten Naturkatastrophen aus Sicht der Opfer, der direkt Betroffenen, erscheinen mögen – nicht selten ist das Auftreten des damit in Zusammenhang stehenden extremen Naturereignisses vorhersehbar, und ebenso seine Auswirkungen auf die betroffene Gesellschaft. Basierend auf dieser Sichtweise wurde im vorliegenden Aufsatz der Standpunkt vertreten, dass unterlassene Prävention eher ein Problem der *Prioritätensetzung* ist, und nicht (wie in der Hazardforschung häufig angenommen) eine Problem der *Umweltwahrnehmung*.

Raumplanung kann zwar nicht bereits eingetretene Entwicklungen rückgängig machen (etwa die Besiedlung von, rückblickend betrachtet, ungeeigneten weil besonders gefährlichen Gebieten), aber sie kann die zukünftige räumliche Entwicklung mit beeinflussen. Mit Blick auf die Katastrophenvorsorge kommt ihr damit gerade in solchen Gesellschaften, die durch derzeitig ausgeprägte Wachstumsdynamiken charakterisiert sind, eine besondere Verantwortung zu, die noch längst nicht von allen Akteuren erkannt und angenommen worden ist.

Unabhängig vom politischen, kulturellen, ökonomischen und sozialen Kontext kann Katastrophenvorsorge stets nur eines von vielen Entwicklungszielen sein. Als solches läuft es Gefahr, zugunsten anderer Ziele „weggewogen" zu werden. Gerade dann, wenn das gefürchtete Naturereignis selten auftritt, wenn die „friedlichen Perioden", in denen die Ressourcen für Vorsorgemaßnahmen „gespart" werden könnten, lang sind – gerade dann scheint das kurzfristige Kalkül vielleicht verlockend, eher andere Ziele zu verfolgen.

Es wäre viel gewonnen, wenn die räumliche Planung die Möglichkeit extremer Naturereignisse nach aktuellem Wissensstand mit in ihr Kalkül nehmen würde. Ausgebliebene Katastrophen haben zwar geringeren Nachrichtenwert als eingetretene, doch sollte jedes durch vorausschauende Planung möglicherweise verschonte Menschenleben Anreiz sein, diesbezügliche Bemühungen zu intensivieren.

Literatur

AMIRAHMADI, H. (1986): Regional planning in Iran: a survey of problems and policies. *The Journal of Developing Areas* 20. Pp. 501-530.

ARAGHTSCHINI, A. (1990): Unterentwicklung und Modernisierung in Mittelpersien - Eine empirische Untersuchung zu Projekten im Raum Esfahan. Hannover Universität Sozialwissenschaftl. Fakultät, Diss.

ASGHARI, M. R. (1997): „Iranian-Disease" und „Institutional Gap": Zur Bedeutung des Erdölsektors und der Islamisierung von Institutionen für die iranische Volkswirtschaft. Braunschweig, Technische Universität, Fachbereich für Philosophie, Wirtschafts- und Sozialwissenschaften. Diss.

BAHMANI, B. (1994): Entwicklungs- und Umweltprobleme der Stadt Schiraz unter besonderer Berücksichtigung freiraumplanerischer Belange. Hannover, Universität, Institut für Freiraumentwicklung und Planungsbezogene Soziologie, Diss.

BERKE, P. R. (1998): Reducing Natural Hazard Risks Through State Growth Management. *Journal of the American Planning Association* 64. Pp. 76-87.

BRUNS, A. (2002): „Entwicklungsplanung für die Provinz Gilan (Nordiran)- ein erster Ansatz. *Petermann Geographische Mitteilungen* 145(2). Pp. 40-43.

CONSTITUTION OF THE ISLAMIC REPUBLIC OF IRAN. Edited by Bureau of International Agreements, Tehran 1999.

GESAMTGESETZE DER STADT UND STADTVERWALTUNG (2002): Edited by Nationalbibliothek Teheran (Mansour. J.). 3. Aufl. Teheran (Persisch).

GREIVING, S. (1999): Das Verhältnis zwischen räumlicher Gesamtplanung und Wasserwirtschaftlicher Fachplanung – dargestellt am Beispiel des Hochwasserschutzes. *Hydrologie und Wasserbewirtschaftung* 43. Pp. 75-82.

—. (2002): *Räumliche Planung und Risiko*. München: Gerling Akademie.

HEWITT, K. (1983): "The idea of calamity in a technocratic age," in *Interpretations of Calamity from the viewpoint of human ecology*. Edited by K. HEWITT. Pp. 3 - 32. Boston, London, Sydney: Allen&Unwin.

IRAN STATISTICAL DIGEST 1379 (2000/2001). Edited by the Management & Planning Organization/Statistical Centre of Iran. Tehran, April 2002.

Iran Statistical Yearbook 2002. Edited by Statistical Centre of Iran. Tehran 2002.

KAMPE, D. (1997): Transnationaler vorbeugender Hochwasserschutz mit Mitteln der Raumordnung. Initiativen – Ansätze – Programme der internationalen Kooperation. *Informationen zur Raumentwicklung* 6.1997. Pp. 431-446.

KLEEBERG, H. B./ ROTHER, K.-H. (1996): Hochwasserflächenmanagement in Flußeinzugsgebieten. *Wasser & Boden* 48. Pp.24-32.

KREUTNER, H. V. / Kundermann, B. / und Mukerji, K. (2003): *Handreichung für Baumaßnahmen nach Katastrophen und Konflikten*. Eschborn: Deutsche Gesellschaft für Technische Zusammenarbeit (GTZ).

LANZ, S. (1996): Demokratische Stadtplanung in der Postmoderne. Wahrnehmungsgeographische Studien zur Regionalentwicklung; 15. BIS-Verl. der Univ. Oldenburg. Oldenburg.

LAWA (LÄNDERARBEITSGEMEINSCHAFT WASSER) (1999): *Handlungsempfehlungen zur Erstellung von Hochwasser-Aktionsplänen – Konzepte und Strategien - Oberirdische Gewässer.* Schwerin: Umweltministerium Mecklenburg.

LENDI, M. / ELSASSER, H. (1986): "Raumplanung – Begegnung von Geographie und Rechtswissenschaft." in Angewandte Sozialgeographie, Hrsg. von SCHAFFER, F. / POSCHWATTA, W. Selbstverlag Lehrstuhl für Sozial- und Wirtschaftsgeographie der Universität Augsburg. Pp. 169-184.

LENDI, M. (1996): Grundriss einer Theorie der Raumplanung. 3. korrigierte Auflage. Zürich. vdf Hochschulverlag.

MAHABADI, M. (1985): Strukturanalyse einer Kleinstadt im Iran – Dargestellt am Beispiel von Natanz. in Beiträge zur Räumlichen Planung Heft 8, Schriftenreihe des Fachbereiches Landespflege der Universität Hannover.

NEJAD, A. M. (2000): Planning in Iran. A 50 Year Old Phenomenon. http://www.irvl.net/planning_in_iran.htm.

OLIVER-SMITH, A. (1996): Anthropological research on Hazards and Disasters. *Annual Review of Anthropology* 25. Pp. 303-328.

PASSERINI, E. (2000): Disasters as Agents of Social Change in Recovery and Reconstruction. *Natural Hazards Review* 1. Pp. 67 - 72.

POHL, J. (2001): Katastrophenvorsorge und Raumplanung in Deutschland. *Petermanns Geographische Mitteilungen* 145. Pp. 56-63.

—. 2003. Risikomanagement in Stromtälern am Beispiel des Rheins. (vorl. Manuskript). *Forschungs- und Sitzungsberichte der ARL* Herbst 2003. Pp.1-12.

SAZMAN MODIRIAT VA BARNAMEHRISY ISFAHAN (2002): Isfahan [Management and Planning Organization, M.P.O.].

SHAHI-DJUNGHANI, A. (1989): Großstadtwachstum und illegale Siedlungen – Am Beispiel der Stadt Isfahan im Iran. Dortmund, Universität, Fachbereich Raumplanung, Diss.

SPITZER, H. (1995): Einführung in die räumliche Planung. Stuttgart.

WILDAVSKY, A. (1993): "Die Suche nach einer fehlerlosen Risikominderungsstrategie," in *Riskante Technologien: Reflexion und Regulation; Einführung in die sozialwissenschaftliche Risikoforschung*, Hrsg. v. KROHN, W. / KRÜCKEN, G. Frankfurt am Main. Pp. 305-319.

WONG, K.-K. / ZHAO, X (2001). Living with floods: victims' perceptions in Beijiang, Guangdong, China. *Area* 33. Pp. 190-201.

ZAMAN, M. Q. (1999): "Vulnerability, Disaster, and Survival in Bangladesh: Three Case Studies," in *The Angry Earth. Disasters in Anthropological Perspective*. Edited by OLIVER-SMITH, A. / HOFFMAN, S. M. New York, London. Pp. 192-212.

Praxis Kultur- und Sozialgeographie

Herausgegeben von Prof. Dr. Wilfried Heller (Potsdam) und Prof. Dr. Hartmut Asche (Potsdam) in Verbindung mit Prof. Dr. Hans-Joachim Bürkner (Erkner/Potsdam)

Federführender Herausgeber: Prof. Dr. Wilfried Heller

Schriftleitung: Dr. Waltraud Lindner

Zielsetzung:

Die Reihe "Praxis Kultur- und Sozialgeographie" soll ein Forum vor allem für Beiträge folgender Art sein:
- methodisch und thematisch besonders interessante Diplomarbeiten und andere wissenschaftliche Hausarbeiten von Hochschulabsolventen
- Arbeitsberichte über Lehrveranstaltungen (z.B. Geländepraktika und Exkursionen)
- Diskussionspapiere und Forschungsmitteilungen in Form von Berichten aus der "Forschungswerkstatt".

Bisher erschienen sind:

Heft 1 **SÖHL, Ilse.: Zur Stadterneuerung in der Bundesrepublik Deutschland.** Bauliche und sozialstrukturelle Änderungen in Altbauvierteln am Beispiel der Göttinger Südstadt. 1988. 97 S. 6,00 €

Heft 2 **Alternative Ökonomie – Modelle und Regionalbeispiele.**
Inhalt:
SPERSCHNEIDER, Werner: Alternative Ökonomie und selbstverwaltete Betriebe - eine Strukturanalyse im südlichen Niedersachsen;
UHLENWINKEL, Anke: Alternativökonomie in der Region Bremen – zwischen endogenem Potential und neuen regionalen Wirtschaftsstrukturen.
1988. 162 S. 9,00 €

Heft 3 **FELGENTREFF, Carsten: Egerländer in Neuseeland.** Zur Entwicklung einer Einwandererkolonie (1863 - 1989). 1989. 48 S. 4,00 €

Heft 4 **KOBERNUSS, Jan-F.: Reiseführer als raum- und zielgruppenorientiertes Informationsangebot.** Konzeption und Realisierung am Beispiel Kulturlandschaftsführer Lüneburger Heide. 1989. 123 S. Beilage: Lüneburger Heide - Begleiter durch Kultur & Landschaft. 8,50 €

Heft 5 **STAMM, Andreas: Agrarkooperativen und Agroindustrie in Nicaragua.** Entwicklung zwischen Weltmarkt und bäuerlicher Selbsthilfe. 1990. 98 S. 12,00 €

Heft 6 **HELLER, Wilfried (Hrsg.): Albanien 1990.** Protokolle und thematische Zusammenfassungen zu einem Geländekurs des Geographischen Instituts der Universität Göttingen. 1991. 87 S. 7,00 €

Heft 7 **SCHROEDER, Friederike: Neue Länder braucht das Land!** Ablauf und Umsetzung der Länderbildung in der DDR 1990. 1991. 90 S. 7,50 €

Heft 8 **EBERHARDT, Winfried: Die Sonderabfallentsorgung in Niedersachsen.** Fakten, Probleme und Lösungsansätze. 1992. 194 S. 15,00 €

Heft 9 **HOFMANN, Hans-Jürgen / BÜRKNER, Hans Joachim / HELLER, Wilfried: Aussiedler – eine neue Minorität.** Forschungsergebnisse zum räumlichen Verhalten sowie zur ökonomischen und sozialen Integration. 1992. 83 S. 7,50 €

Heft 10 **SCHLIEBEN, C. v.: Touristische Messen und Ausstellungen** - ihre Nutzung als Marketinginstrumente durch Fremdenverkehrsorganisationen. 1993. 121 S. 18,00 €

Heft 11 **FRIELING, Hans-Dieter v. / GÜSSEFELDT, Jörg / KOOPMANN, Jörg: Digitale Karten in GIS.** 1993. 74 S. 7,50 €

Heft 12 OHMANN, Michael: **Der Einsatz von Solaranlagen in öffentlichen Freibädern in der Bundesrepublik Deutschland.** Realisierbarkeit und Wirtschaftlichkeit am Beispiel des Wellen- und Sportbades Nordhorn. 1995. 152 S. 10,00 €

Heft 13 HELLER, Wilfried (Hrsg.): **Identität – Regionalbewußtsein - Ethnizität.** Mit Beiträgen von Wolfgang Aschauer, Stefan Buchholt, Gerhard Hard, Frank Hering, Ulrich Mai und Waltraud Lindner.
Teil 1:
ASCHAUER, Wolfgang: Identität als Begriff und Realität.
HARD, Gerhard: „Regionalbewußtsein als Thema der Sozialgeographie." Bemerkungen zu einer Untersuchung von Jürgen Pohl.
Teil 2:
BUCHHOLT, Stefan: Transformation und Gemeinschaft: Auswirkungen der „Wende" auf soziale Beziehungen in einem Dorf der katholischen Oberlausitz.
HERING, Frank: Ländliche Netzwerke in einem deutsch-sorbischen Dorf. Eine sozialgeographische Untersuchung.
MAI, Ulrich: Persönliche Netzwerke nach der Wende und die Rolle von Ethnizität: Die Sorben in der ländlichen Lausitz.
LINDNER, Waltraud: Ethnizität und ländliche Netzwerke in einem niedersorbischen Dorf der brandenburgischen Niederlausitz nach der Wiedervereinigung beider deutscher Staaten.
1996. 152 S. € 9,00

Heft 14 PAPE, Martina: **Obdachlosigkeit in Ost- und Westdeutschland im Vergleich.** Dargestellt am Beispiel der Städte Nordhausen und Northeim. 1996. 105 S. € 7,50

Heft 15 BÜRKNER, Hans-Joachim / KOWALKE, Hartmut (Hrsg.): **Geographische Grenzraumforschung im Wandel.**
Inhalt:
BÜRKNER, Hans-Joachim: Geographische Grenzraumforschung vor neuen Herausforderungen - Forschungskonzeptionen vor und nach der politischen Wende in Ostmitteleuropa.
MAIER, Jörg / WEBER, Werner: Grenzüberschreitende aktivitäts- und aktionsräumliche Verhaltensmuster im oberfränkischen Grenzraum vor und nach der Wiedervereinigung.
JURCZEK, Peter: Möglichkeiten und Schwierigkeiten der grenzüberschreitenden Entwicklung sowie Formen der grenzübergreifenden Kooperation im sächsisch-bayerisch-tschechischen Dreiländereck.
STRYJAKIEWICZ, Tadeusz: Euroregionen an der deutsch-polnischen Grenze und Probleme der grenzüberschreitenden Zusammenarbeit.
ASCHAUER, Wolfgang: Systemwandel und Grenzöffnung als Faktoren der Regionalentwicklung - das Beispiel der ungarisch-österreichischen Grenzregion.
KOWALKE, Hartmut: Themen und Perspektiven der „neuen" Grenzraumforschung.
1996. 82 S. 9,00 €

Heft 16 OBST, Andreas: **Bürgerbeteiligung im Planungsprozess.** Qualitative Untersuchungen zu Problemen der Dorferneuerung. 1996. 116 S. 9,00 €

Heft 17 KUHR, Jens: **Konzeption eines Geographischen Reiseführers als zielgruppenorientiertes Bildungsangebot.** 1997. 204 S. 13,50 €

Heft 18 MOTZENBÄCKER, Sabine: **Regionale und globale Verflechtungen der biotechnologischen Industrie Niedersachsens.** 1997. 158 S. 11,00 €

Heft 19 TÖDTER, Sven: **Car-Sharing als Möglichkeit zur Reduzierung der städtischen Verkehrsbelastung.** Eine vergleichende Untersuchung des Nutzer- und Anforderungsprofils des „stadt-teil-autos" in Göttingen. 1998. 71 S. 8,00 €

Heft 20 ASCHAUER, Wolfgang / BECKER, Jörg / FELGENTREFF, Carsten (Hrsg.): **Strukturwandel und Regionalbewußtsein.** Das Ruhrgebiet als Exkursionsziel. 1999. 108 S. 10,00 €

Heft 21 FELGENTREFF, Carsten / HELLER, Wilfried (Hrsg.): **Neuseeland 1998.** Reader zur Exkursion des Instituts für Geographie der Universität Potsdam mit den Schwerpunkten Migration und Restrukturierung / Deregulierung. Mit Beiträgen von Monika Bock, Lars Eggert, Anja Farke, Tanja Gärtig, Matthias Günther, Thomas Hahmann, Christian Heilers, Anke Heuer, Annekathrin Jakobs, Heinrich Kanstein, Katrin Kobus, Michael Ksinsik, Carmen Liesicke, Tilly Müller, Jörg Pasch, Antje Schmallowsky, Olaf Schröder, Alexander Spieß, Bettina Wedde, Markus Wolff. 1999. 238 S. 15,00 €

Heft 22 **KRUSE, Jörg / LERNER, Markus: Jüdische Emigration aus der ehemaligen Sowjetunion nach Deutschland. Aspekte eines neuen Migrationssystems.** 2000. 150 S. 13,00 €

Heft 23 **HELMS, Gesa: Glasgow – the friendly city. The safe city.** An agency-orientated enquiry into the practices of place-marketing, safety and social inclusion. 2001. 126 S. 13,00 €, ISBN 3-935024-21-5

Heft 24 **BEST, Ulrich / GEBHARDT, Dirk: Ghetto-Diskurse.** Geographien der Stigmatisierung in Marseille und Berlin. 2001. 177 S. 14,00 €, ISBN 3-935024-24-X

Heft 25 **KNIPPSCHILD, Robert: Die EU-Strukturpolitik an Oder und Neiße.** Chancen einer nachhaltigen Regionalentwicklung in der Grenzregion mit dem EU-Beitrittskandidaten Polen. 2001. 107 S. 10,00 €, ISBN 3-935024-32-0

Heft 26 **ZIENER, Karen: Das Bild des Touristen in Nationalparken und Biosphärenreservaten im Spiegel von Befragungen.** 2001. 169 S. 14,00 €, ISBN 3-935024-38-X

Heft 27 **HELLER, Wilfried (Hrsg.): Abwanderungsraum Albanien – Zuwanderungsziel Tirana.** 2003. 108 S. 10,00 €, ISBN 3-935024-68-1

Heft 28 **HELLER, Wilfried / FELGENTREFF, Carsten / LINDNER, Waltraud (Eds.): The socio-economic transformation of rural areas in Russia and Moldova.** 2003. 163 S. 10 €, ISBN 3-935024-79-7

Heft 29 **FELGENTREFF, Carsten / GLAde, Thomas (Hrsg.): Raumplanung in der Naturgefahren- und Risikoforschung.** 2003. 89 S. 7,50 €, ISBN 3-935024-80-0